Good With Money

Reprogramme Your Spending Habits and Take Control of Your Money

存钱心理学

Emma Edwards

［澳］埃玛·爱德华兹　著

颜雅琴　译

机械工业出版社

CHINA MACHINE PRESS

北京市版权局著作权合同登记　图字：01-2024-4957 号。

图书在版编目（CIP）数据

存钱心理学 /（澳）埃玛·爱德华兹
(Emma Edwards) 著；颜雅琴译 . -- 北京：机械工业出
版社，2025. 6. -- ISBN 978-7-111-78487-6

I. F275-62

中国国家版本馆 CIP 数据核字第 2025AQ4242 号

机械工业出版社（北京市百万庄大街 22 号　邮政编码 100037）
策划编辑：邹慧颖　舒　琴　　　　　责任编辑：邹慧颖　舒　琴
责任校对：高凯月　王小童　景　飞　　责任印制：单爱军
保定市中画美凯印刷有限公司印刷
2025 年 7 月第 1 版第 1 次印刷
147mm × 210mm · 10.25 印张 · 1 插页 · 216 千字
标准书号：ISBN 978-7-111-78487-6
定价：69.00 元

电话服务　　　　　　　　　　　网络服务
客服电话：010-88361066　　　机 工 官 　网：www.cmpbook.com
　　　　　010-88379833　　　机 工 官 　博：weibo.com/cmp1952
　　　　　010-68326294　　　金 　书 　网：www.golden-book.com
封底无防伪标均为盗版　　　机工教育服务网：www.cmpedu.com

献给每一位

曾感叹"我迫切需要提升理财能力"的人

把它从你的待办事项清单上划掉

立即行动起来吧!

理财之道

　　精通理财之道，是每个人的向往。你或许遇到过那些被誉为"理财高手"的人——他们可能是你的兄弟姐妹，也可能是你的朋友。此刻翻阅本书的你，或许尚未自视为理财高手。然而，一切即将改变。

　　自打我记事起，理财对我来说就是一场灾难。我的银行账户里从未出现过令人欣慰的储蓄余额，每次查看银行账户都让我心生恐惧，总是困惑于我的钱财究竟流向了何方。似乎每次踏出家门，归来时就会发现又无缘无故少了 100 美元。我曾尝试制订预算，也试行过无数看似完美的省钱策略，梦想着有一天也能拥有一切。但每一次，我都会回到原点，甚至状况更糟。我每个月都"月光"，不断面对意料之外的开销，每当我试图向前迈进一步，紧接着就会不自觉地后退两步……等到问题变得难以负荷时，我就会选择放弃。我似乎注定无法前进。每当有人称赞我理财有道，我的内心深处就会涌起一股羞愧、恐慌和罪恶感，因为我清楚地知道，我恰恰是这一美好理想的对立面。

　　但现在，我可以自豪地说，我已经成了自己曾经渴望成为的那个人。我可以自信地宣称，我已经颇为擅长理财之道——如果你能遵循本书的指导去做，一定也能实现你自己的理财梦想。起初，改变的过程异常缓慢，但随着时间的推移，我逐渐掌控了自己的消费习惯，深入剖析了自己的行为及其背后的情绪。渐渐地，一切开始有了转变。

在本书中，我将带你探索看待金钱的新视角，这可能是你从未思考过的。我们将深入探讨理财显得艰难的原因，以及你必须跨越哪些障碍，才能彻底改写你的财务命运。我将引导你重塑财务视角，让你以全新的方式审视金钱，更深刻地认识自己。在这个过程中，你将培养出能够持之以恒的优良习惯，最终感受到自己真正掌握了财务的主动权。

本书将引领你踏上一段深刻的自我探索之旅，深入挖掘你面临财务挑战的根本原因。我们将一起揭开诸多谜团——为何金钱总是在不经意间溜走（剧透警告：这不是你的错）；探讨你为何在情感上对金钱如此纠结，你的成长经历如何塑造了你的财务行为，以及哪些恶性循环模式让你陷入了困境。

接下来，我们将步入正题。你将学习如何夺回财务决策的主动权，不再为金钱的去向感到困惑，不再幻想能够穿越回过去，撤回周末的一连串开销。你将开始以一种既有意义又能让你感觉良好的方式，来管理和支配你的金钱。

什么不是理财之道

深入探讨之前，我想先谈谈什么不是理财之道。你看，擅长理财和过度节俭之间存在着一条模糊的界限。

理财之道无关于你的银行存款余额，无关于你是否在两元店购物，更无关于你是否重复使用餐巾纸或者是否在外购买午餐。理财不是为了让你变得富有（尽管它确实能带来财富），也不是为了让你成为一个算术小能手。

擅长理财，并不意味着你必须成为那种无论去哪里都自带三明治，为了省几元钱而选择公共交通，自己动手剪头发，打死也不花钱做面部护理的人。

话说回来，我并不是反对自制三明治，带便当，乘坐公共交通，自己理发或者拒绝某些奢侈品，只要这些行为是你有意识的选择，是为了将金钱更好地用在你认为更重要的其他事情上。本质上，理财并不是要求你剥夺自己的快乐，或者遵循一成不变的规则生活。真是谢天谢地啊，对不对？

什么是理财之道

理财之道就是按照自己的方式理财，这意味着理解自己为什么要这样使用金钱。它与你的财务状况紧密相连，让你深知如何让金钱最大化地为你效力。这是一种掌控金钱而非被金钱左右的感觉，是用财富来支撑你追求卓越生活的过程，同时明白自己已经尽可能地为未来做好了准备。它涉及如何更明智地运用金钱，实现享受当下与保障未来的完美平衡。

理财之道在于积极主动地管理你的财务，并下定决心掌握主导权。你不必做到完美，即使你正在偿还债务，也能做到理财有道。你如果正处于经济困境中，同样可以做到理财得当。即便你过去在理财上有所不足，从现在开始，也能做得很好。无论你的收入水平是低、中还是超高，你都有可能成为理财高手。实际上，在获得超级丰厚的超高收入之前先掌握理财技巧，这一顺序才符合你的利益，因为这能帮你最大限度地利用那些丰厚的收入。

踏上理财之道之前，我必须向你坦白一件事情。学会善用金钱并不能解决资本主义世界中根深蒂固的严重不平等问题。它无法修补那个剥夺了西方社会最脆弱成员基本需求的破裂系统。它不会改变这样一个现实：世界上99%的财富仍然掌握在1%的人手中。它也不会改变这样一个现实：出生在特权家庭仍然是通往成功最有效的途径。

正是鉴于这些原因，在我撰写本书的过程中，曾多次流下热泪。我甚至质疑自己是否有必要继续写下去。我多么希望本书能够修复这个系统。然而，虽然我无法给你一笔信托基金（如果我能，那该有多好啊），但我所能做的，就是分享那些曾经帮助我扭转财务状况的工具和信息，教你如何有效地花钱、存钱和管理金钱，并让你通过掌控你所能影响的事物来建立起一定的财务自信。

本书旨在为你提供一个绝佳的机会，让你全力以赴、最大限度地拥抱即将到来的美好生活。我想要帮助你摆脱对金钱的焦虑和羞耻，让你能够掌控自己的命运，利用你手头的资讯和资源做出最佳决策，从而一劳永逸地摆脱财务困境的束缚。

我将本书精心划分为五个部分。第一部分深入探讨了外部环境，分析了节食文化、广告、社交媒体等因素如何成为我们建立财务信心的障碍。随后，第二部分将深入你的内心，审视那些固有的"出厂设置"如何影响你的理财能力。第三部分将带领你夺回控制权，挑战那些有害的理财模式，重新塑造你的思维和行为模式。第四部分，我将指导你运用理财之道来构建自己的财务生态系统，学习维持新习惯所需的实用策略和结构。最后，第五部分将展望你的未来生活，探索全新的理财之道，这将为你解锁新机遇。它将开启一扇大门，让你通往那些你曾以为遥不可及的梦想，让梦想照进现实。

那么，我凭什么能够引领你踏上一段这样的旅程呢？首先，我深切理解那种仿佛永远深陷财务泥潭的感觉，我自己就一直在不懈努力，试图扭转自己的财务状况。在过去几年中，我一直致力于通过网络平台探讨与金钱有关的话题，帮助人们洞察自己财务行为的深层原因，并改善他们与金钱的关系。

通过举办大师班和编写练习手册，我指导了上千人培养积极的理财习惯，我的社交媒体账号粉丝数超过六万，播客《破产一代》（The Broke Generation）每周的更新都有幸吸引数千名听众。我深深着迷于探索金钱在情绪、心理和行为层面的作用，这驱使我读了金融心理学和行为金融学研究生，并获得了注册行为金融师（Financial Behavior Specialist, FBS）的专业资质。

请相信，这是我内心深处真正的热忱所在。我渴望尽我所能，帮助尽可能多的人对自己的理财之道感到满意。我希望本书能够成为帮你改变财务状况的宝贵资源。

开始之前：一道思考题

设想一下，今晚，在你沉入梦乡之时，一个奇迹悄然发生，当你醒来，你发现自己突然间变成了理财高手。这一切将带来哪些改变？你如何察觉到这些变化？你会有怎样的感受？你的生活又将如何因此而变得更加丰富多彩？

拿起一个笔记本，或者打开你的手机记事应用软件，记录下你想到这个场景时脑海中涌现出的任何想法。不必担心是否正确，这个问题旨在引导你从数字和物质之外的角度思考金钱，探索金钱对你的真正意义，以及在本书的阅读旅程结束之后，等待你的将是怎样的一种生活。

在阅读本书的过程中，请确保笔记本随时在侧或随时能打开手机记事应用软件——书中包含了值得记录下来的练习和反思环节。

目录 Good
with Money

序言　理财之道

○ 第一部分

暂停片刻

掌握理财之道的第一步，其实是给自己一段休息时间。我是认真的。

谈论金钱时，我们耳边总会充斥着无数的"应该"和"不应该"。我们应该储蓄，我们不应该随意购物；我们应该只消费工资的一部分，我们不应该对房价感到如此绝望。

所有这些"应该"和"不应该"，最终导致的是一堆令人不快的愧疚感。我们不想让你对金钱心存任何愧疚感，因此请放心，本书的目的绝不是让你带着罪恶感去改变行为方式。

在第一部分中，我将通过讨论来解释哪些因素导致我们感到理财很难，从而为大家提供必要的喘息空间。从现代科技到媒体，再到广告策略，无数因素都在阻碍我们对金钱的掌控。其中一些因素你可能已经考虑过，而另一些可能会让你惊讶地感叹："哦，我的天哪，原来如此。"我不想隐瞒，有些内容可能会让你感到愤怒。但请拥抱这种愤怒，因为愤怒也是一种炽热的情感。

然而，本部分的核心目的是让你深呼吸，放松下来。这种松弛感来自一种认知：等一下，其实这一切都不是你的错，你并没有糟糕透顶，你也不是一个被宠坏的、总在犯错的熊孩子（尽管有些媒体可能会这样描述我们）。松了一口气之后，你才能充满激情，按照自己的方式去理财。

第 1 章

瘦身霜和卷心菜汤

在我人生旅程的大部分时间里，我能够迅速算出玛氏巧克力的热量，说出哪种南瓜的碳水化合物含量最少，甚至用我对各种减肥茶的独到见解来讨人欢心。然而，我却不知道自己的银行账户余额，也不清楚储蓄账户里还剩多少钱。不过，说实话，我其实知道自己储蓄账户里有多少钱，因为那里真的空无一文。

我出生于 1991 年。所有在 20 世纪 90 年代成长起来的人应该都知道，在这个年代，节食文化无所不在。碳水化合物被视为恶魔；低腰牛仔裤紧紧勒住我们的腰腹脂肪，试图勒出平坦的线条；而一切进入我们口中的食物都被划分为好的或坏的、计划内或计划外、值得或不值得。

作为独生女，我由单身母亲独自抚养长大。由于家里只有我们两个人，我总是比其他孩子显得更为成熟——或许这是因为我和母亲很少分开，我们母女俩始终共同应对一切。我清晰地记得，我们的饮食很大程度上受到了当时流行的节食风尚的影响。从卷心菜汤减肥法、慧俪轻体、瘦身世界，到热量计数，甚至是模仿肥皂剧明星在八卦周刊的"我在片场吃什么"专栏中提到的各种饮食习惯。和许多女性一样，我甚至在青春期之前就开始了节食，或者至少意识到了节食的存在。看到这里，你可能会想到以下三个问题。

（1）谢谢你勾起我对那段地狱般岁月的回忆。

（2）卷心菜汤那挥之不去的气味，竟然始终未曾离你而去，这也太疯狂了吧？

（3）这跟理财到底有什么关系？

好问题。实际上，它们之间的联系远比你想象中要紧密。

被称为"健康经济"的饮食健康、营养和减肥行业，2020年的市值高达 9460 亿美元，并且还在持续增长。如果你认为节食文化会随着贾斯汀和布兰妮的恋情一同成为过去，那就大错特错了。这棵资本主义的摇钱树依旧生机勃勃。

实际上，尽管我们不断发布以"接纳自己的身体"为话题标签的内容，节食行业却悄无声息地进行了一场强势而细腻的品牌重塑。大约在过去的十几年间，分析师们一直在密切关注这一过程，节食行业的话术悄无声息地从"节食"转向了"健康"，这一策略无疑十分有效。在盈利的道路上，无论是推销减肥蔬果奶昔，还是承诺为繁忙女性提供均衡健康餐的配送服务，手段的选择并不重要。关键的第一步始终是让我们深信自己存在问题，进而向我们推销所谓的解决方案。这正是这一切与理财之道息息相关的原因。

长期以来，我们的价值观被外部力量误导和操控，用以实现资本的利润最大化。在成长的过程中，外界不断灌输给我们一种观念：没有什么比瘦骨嶙峋感觉更好了。嘴上一时享受，臀上一世肥肉。在公共视野中展露身体脂肪被视为不可饶恕的罪行。我们唯一关注的数字，似乎只有体重秤上的读数、牛仔裤尺码和食品包装背面的营养成分表。

我们被告知，至关重要的是我们的体重数字、睫毛长度、每日行走的步数、身体脂肪的含量、如何寻觅合适的男人、如何穿衣以掩盖身材（向所有梨形身材的姐妹们致以敬意），以及谁将荣膺美国下一任超级模特（好吧，这件事确实有点儿重要）。

然而，我们却鲜少被激励去关注个人的幸福，去理解财富的积累、退休规划或商业知识，将金钱置于优先位置，了解复利的魔力，或着手构建财务安全的坚实基石。

第 2 章

无法企及的标准

我想回顾过往，探讨女性历久以来在财务领域的参与度。历史上，女性在经济自主权方面遭受了广泛剥夺。在澳大利亚，直到 1971 年，女性才能在没有男性担保的情况下独立申请银行贷款。1966 年，已婚女性方才获准在结婚之后继续工作。在英国，女性直到 1975 年才有权以自己的名字开设银行账户。而在爱尔兰，女性直到 1976 年才能够在没有男性支持的情况下拥有自己的房产。

如今，那些官方的束缚已被解除，对于大多数读者来说，我们所熟知的仅限于我们目前所享有的财务自主权。我们能够自主寻找工作，独立开设银行账户，也有权租赁或购置自己的房子（姑且不考虑成本问题）。尽管财务实践的法规已经更新，但父权制度仍旧在寻找种种途径，通过不断重塑女性应当成为何种角色，密切关注我们的资金流向。如今，女性的理想形象已经从贤妻良母转变为职业女性，从男性凝视的客体变为"主体之一"，从家庭主妇演变为女领导或女老板。但是，无论如何，似乎总有一套标准等待我们去遵循。这些不断演变的标准引发了无数问题，而市场提供了一系列通过消费来解决问题的方案。

实际上，我们已然习惯于将金钱直接还给父权制社会，无论是购买一系列最新的减肥产品，还是订阅那些（由男性主导的）女性杂志来比较谁的脂肪在夏日阳光下显得最为不堪，从杂志上探究 S Club 7 乐队的乔（Jo）的日常饮食有何奥秘，或是购买流行款式的衣裙，只因为它能让我们的腰身看起来更加纤细。

间接伤害：我们的自我价值和个人净值

除了那些价值数十亿美元的产业，在我们以节食文化为主导的童年时代，与金钱有关的问题远比表面所见庞杂。在 20 世纪 80 年代、90 年代，以及 21 世纪的前 10 年，整个社会被有害的节食文化所侵蚀，女性"应当如何"的标准不断更迭，导致我们许多人的自我认知和自我价值遭受了严重损害。在不少情况下，这种文化同样深刻地影响了我们看待金钱的方式。

父权制巧妙地灌输了一种观念，让所有女性相信，自己的价值取决于纤细身材和迷人外貌——这无疑是其最能获利的策略之一。先创造问题，随后推销治愈的良方。这手段太高明了！

毕竟，我们关注哪里，金钱就会流向何方。你如果对艺术情有独钟，或许会花钱购买精美的画笔或铅笔。你如果对时尚有着浓厚的兴趣，那么在服饰上的花费自然不会吝啬。你如果渴望掌握一门新语言，可能会不惜重金参加相关课程（或者，如果穿越回 20 世纪 90 年代，你可能会购买罗塞塔石碑公司制作的语言学习课程光盘）。

因此，当你的注意力集中在体重、身材和美容上时，你的资金自然也会流向这些领域，这实在是不足为奇的事情。

回想一下我曾经为了追求苗条身材而投入的金钱吧……每周，我都会花费几美元购买名人杂志，渴望了解蒂拉·班克斯（Tyra Banks）的饮食秘诀，幻想通过模仿她的饮食习惯就能拥有与她相似的身材（当然，杂志永远不会提及财富、特权、时间或遗传基因这些关键因素）。还有购买那位女性脱口秀主持人称之为"下一个大事件"的瘦身霜，它售价 10 美元。顺便说一句，这玩意儿太奇怪了。你得抹上它，坐下，等待它让皮肤变得热辣滚烫。它承诺能让你坐着也变瘦，哪个女孩能抵挡这种诱惑呢？

我曾经每月花费 50 美元左右，购买那些声称能帮助减肥的茶，早晚各喝下一杯。最让人气愤的是，这些茶确实"有效"，因为它让我小腹平坦，感觉体重减轻了，而这种效果纯粹是因为它的泻药成分。

撇开我每月花 50 美元让自己拉肚子这一事实不谈，这一切实际上是一场针对根本不存在的问题的恶性消费循环。这是一个被精心炮制的问题，轻而易举地诱使我倾注大量资金去购买所谓的解决方案。

减肥产品的市场策略无疑极为高明，它们巧妙地确保了自己不会带来持久的效果。尽管社会广泛讨论了溜溜球节食（yo-

yo dieting）[⊖]、减肥与复胖对健康的毁灭性影响，但对于这种消费模式对女性财务自信的潜在破坏，却鲜少有人发声。我们不仅流失了原本可以投资于更重要事项的资金，还错失了诸多资金增值的机会。社会告诉我们，我们的价值仅仅在于外部形象。让女性将自我价值寄托于牛仔裤的尺码或是脸上的几条纹路，这对父权制社会大有裨益，因为这些肤浅的标准让我们无暇他顾，而且不断驱使我们花钱消费。

"你看起来不够五星"

21 岁那年，我前往伦敦，参加我的第一份"正式工作"的面试。那是一个五星级酒店的市场营销岗位，因此我穿上了我最得体的 Zara 连衣裙，精心打理了发型，踏上了征途。然而，美中不足的是，当时的我不幸感染了流感。身体不适、鼻涕横流、鼻塞严重［你可以想象《穿普拉达的女王》(*The Devil Wears Prada*) 中埃米莉（Emily）的模样］，在这样难受的情况下，我最不愿意做的事情就是去伦敦参加面试。但就业市场的竞争如此激烈，我无法因为鼻塞就放弃这个机会。

尽管我鼻塞、眼泪汪汪，在整个面试的一小时内都在咳嗽，但我仍然表现得很好。他们似乎对我颇为满意，这或许得益于我上大学期间在酒店营销部门实习时积累的经验。

我有一种直觉，认为自己能晋级到第二轮面试。我的直觉是对的。加油！不过，有一个问题：他们对我的

⊖　指一些人不时通过节食来减轻体重，但无法长期保持，又重新增重，继而出现的体重反复上升、下降的情况。——译者注

外表不太满意。好吧，用他们的话来说，我看起来不够"五星"。

真是可怕极了。

或许我该说明一下，他们并没有直接对我这么说。我知道这回事，是因为我的一个前同事在这里工作，他向我透露了消息。在第二次面试之前，他小心翼翼地提醒我，我的外形是唯一令他们犹豫的方面。有人认为他不应该告诉我这些，但平心而论，他只是想帮我，让我在下次面试时能够更好地融入公司的氛围。

我感到非常受伤和愤怒，但现在想想，当时的我可能愤怒得还不够。那是 2013 年，你看，那时的我们对于许多问题都选择了忍让。但他们怎么敢对我的外貌评头论足呢？！

我以一丝不苟的盘发、笔挺的铅笔裙，以及自信的时尚态度，步入了下一轮面试。我成功获得了那份工作，却又毅然决然地拒绝了他们。哈！尽管当时的我并未完全意识到他们对我的外貌评头论足有多么不当，但直觉告诉我，在一个连感冒流鼻涕都可能成为缺点的地方工作，将会是何等煎熬。

在我的职业生涯中，被质疑外表远不止这一次。我曾因看起来"不够优雅"而被一家餐厅解雇。在另一份办公室工作中，我因所谓的"不当着装"而屡遭非议（实际上，我只是天生具有曲线分明的身材，穿着与其他同事并无二致）。还有一次，一个伦敦的招聘顾问致电给我，表达了一个潜在雇主对我着装的"难以置信"。那天，我穿了一件白色衬衫，透过衬衫可以隐约看到内衣的细微图案。天哪！更糟糕的是，我为了那次面试精心打扮，觉得自己看起来很棒。然而，问题在于我拥有前凸后翘的 14 码身材，牙齿不够整齐，胸部过于丰满，这让我即便穿着用每小时 6 英镑的收入就能负担的最朴素的职业装，也显得过于性感。

节食产业诱使我们为了减肥掏钱，几十年来，就业市场的标准也对我们进行了进一步的约束，驱使我们为满足这些标准而不断投入资金，购买维持表面光鲜所需的各种资源。而当这些标准难以企及时，我们同样面临着经济损失。

我们的薪资本就比男人低，却不得不为了保持所谓的"足够好"而投入比男人更多的金钱。

第 3 章

"你穿的是——""香奈儿靴子？是的，没错。"

成长过程中，我们接触的媒体也在破坏我们与金钱的关系。从八卦杂志、真人秀，到情景喜剧和电影，这些产品中的叙事完全无益于女性的财务赋能。

变形记

在我的青春时期，所谓"变形记"成了女性在媒体上的标记。这些故事总是指向一个关键时刻，那一刻，一个女人终于有价值了，是因为她减肥成功，遮掩了小腹，改变了发型，或是矫正了牙齿。这些节目的熏陶让我深信不疑，我生活中最重要的目标就是让两条大腿之间留出空隙，而我总是距离那个"足够好"的标准一步之遥。从崔妮（Trinny）与苏珊娜（Susannah）教导女性如何用腰带来掩盖小肚子，到《全美超级模特新秀大赛》（America's budding Next Top Model）中选手们的华丽转身，再到《穿普拉达的女王》中安迪·萨克斯（Andi

Sachs）在奈杰尔（Nigel）的巧手打造下惊艳四座地转变，我们这一代人在对"变形记"的狂热追捧中成长起来。

没有什么能像"变形记"那样，让我们发出兴奋的尖叫。我们翻阅杂志，以寻找它们，梦想着自己也能经历一场彻底的蜕变。每当生活抛出难题或自己受到伤害时，社会鼓励我们做什么？改造自我。资本主义乐于见到一个心碎的女人挥霍信用卡。分手后，女性通过改头换面、重塑形象来疗伤，这已经演变成一种完整的文化，以至于"变形记"的理念渗透到了我们不安全感的各个角落。

我们从外在开始改变——并为之掏出真金白银——却忘记了，我们的内在依旧原地踏步。我们剪发、换装、美甲、购买新的口红，甚至接受肉毒杆菌和玻尿酸的注射。这一切行为，都是为了夺回我们的自我认同感，为了重新掌握某种控制力，为了镇压那种因"不够好"而滋生的沉重痛苦。

然而，维多利亚·贝克汉姆（Victoria Beckham）式的短发、接发、放大双眼的睫毛、丰唇口红或塑身裙，都无法真正治愈我们的痛苦，也无法实质性地改变我们自己。我们越是坚信自己需要改变，就越长久地困在这个无休止的循环之中。

请给我上东区的一套廉租公寓[⊖]！

我们钟爱的电视节目是成长过程中的重要组成部分，它们向我们展示了二十几岁和三十几岁的成年人的生活会是何种模

⊖　美国几个大城市为了让低收入者有屋可住，在特定区域实施房租管制政策，规定房租的收费标准，房东不能任意调高。上东区是纽约市曼哈顿区最富有的居住区，没有廉租公寓。——译者注

样，让我们对步入成年充满了憧憬。然而，不知为何，我至今未能获得杂志上描绘的那般光鲜亮丽的工作，也没有拥有一套既美观又能轻松负担的市中心公寓，更别提充满活力的社交生活和那井井有条、令人羡慕的衣橱了。

关于影视作品中对于金钱的描绘，我们有很多观点想要表达。尽管有专业团队负责保证情节和人物的一致性、连贯性，但不知为何，金钱相关的细节似乎总是处理得不尽如人意。我想在某种程度上是因为，假如《欲望都市》（*Sex and the City*）中的女主角凯莉（Carrie）的财务行为稍微有一点儿合理性，这部剧还会有这么大的影响力吗？然而，这些剧集所带来的，不过是让我们对成年生活有了错误的认知，对于"普通人"的薪资实际上能够负担怎样的生活毫无概念。

我不清楚诸位读者的情况，但在我成长的过程中，看着《老友记》（*Friends*）和《欲望都市》一类的电视剧，我非常羡慕剧中的角色。他们为报纸撰稿，在餐厅或时尚界工作，过着惬意的生活，人生中充满了购物狂欢、时尚公寓和鸡尾酒派对。而这些事物的昂贵成本却很少被提及。我在一定程度上理解这样的安排背后的原因，但这种表现手法无疑促使我们倾向于逃避面对现实的财务状况。

情景喜剧的真正魅力在于它描绘了普通人能够感同身受的日常生活，同时却又展现了一种在经济层面几乎如同乌托邦般的理想状态。剧中的角色很少面临经济拮据的困境，即便有，也转瞬即逝。他们几乎从未经历过财务上的冲突、压力或忧虑，也很少有情节说明他们如何处理财务优先事项，或者他们为何能承担咖啡馆的咖啡、各种账单、鸡尾酒和名牌鞋的费用。他们的生活品质很少受到经济状况的限制。或许最引人注目的是，来自不同职业、背景和阶级的人们似乎能够和谐共处，完全没有财务上的不协调。

在《老友记》的一集中，演员乔伊（Joey）、女服务员瑞秋（Rachel）和按摩师菲比（Phoebe）向古生物学家罗斯（Ross）、主厨莫妮卡（Monica）和"传输师"钱德勒（Chandler）⊖坦白，自己买不起一张热门演唱会的门票，而且他们之间的工资差异已经成了一个问题。然而，在一阵短暂的争执之后，金钱的问题就再也没有被提及，仿佛它从未存在过一样。

在《欲望都市》中也有那么一集，凯莉突然意识到，与她的朋友们相比，她在财务管理上简直混乱不堪。她渴望购买一套自己的公寓，却发现自己毫无储蓄。银行甚至将她标记为"不受欢迎的借款人"。这一刻，她深刻感受到了多年来自己在财务上的失误是如何让她不进反退的。凯莉曾戏称购物是她的一种有氧运动，在鞋子上花费了超过四万美元，并宣称她喜欢将钱放在看得见的地方——比如变成衣服，挂在衣橱里。公正地说，在这一集中，我们确实窥见了一丝经济压力，甚至有些许对特权进行讨论的味道，尤其是在凯莉对夏洛特（Charlotte）的吐槽中——后者通过离婚获得了公园大道上一套公寓的所有权。然而，关于财务的对话突兀地开始，也迅速地结束了。凯莉向夏洛特借了钱，生活仿佛又回到了从前，就像一切都没发生过。凯莉似乎并未对自己的财务行为做出任何调整，继续过

⊖ 《老友记》中没有人知道钱德勒具体从事什么工作，第四季中罗斯问大家"钱德勒从事什么工作"。其他人想不出来，最后，瑞秋喊出了一个自创单词——传输师（transponster）。——译者注

着令人艳羡的洒脱生活。

在这里，我并不是要将我们这一代人的财务困境归咎于这些剧集。有时候，为了吸引观众，剧情上的矛盾是不可避免的。但是，我认为，在审视千禧一代的财务知识和财务参与度时，这些剧集提供了一个重要的视角。我们成长过程中接触到的信息，在我们理解金钱与生活方式之间的交集的方面起着关键作用。我们喜爱的角色有着不切实际的财务经历，这可能在某种程度上影响了我们在成年初期对自己的财务状况的看法。

购物狂

曾经，购物只是一种无害的爱好，那么是从何时起，女性开始渴望在都市的街头或商场中疾走，臂弯里挂满购物袋？我16 岁的时候，和朋友们一起逛街购物，既是为了模仿我心目中的偶像——《独领风骚》(Clueless) 中的雪儿 (Cher) 或是《老友记》中的瑞秋，也是为了寻找一支充满个性的蓝色睫毛膏（我当时到底是怎么想的）。

将购物与女性形象如此紧密地联系在一起，这种描绘无形中鼓励了我们继续这样的行为模式。无怪乎在"购物狂"这一叙事框架下成长起来的女性，始终坚信购物包治百病。

即使这些信息没有渗透到你对金钱的理解中，我也相信，你肯定不常看到女性在金钱管理上展现出积极的态度。

我们年轻时代广为流传的电视节目（更具体地来说，是那些虚构的影视作品）中很少提及金钱，具体谈到虚构角色，我们仰慕的女性角色通常被刻画成这样：最糟的情况是她们在经济上的表现极为轻率，最好的情况是她们仿佛与经济问题完全绝缘。在《老爸老妈的浪漫史》（*How I Met Your Mother*）中，女性角色莉莉·奥尔德林（Lily Aldrin）被塑造成一个藏有秘密信用卡的购物狂，而男性角色巴尼·斯廷森（Barney Stinson）则是一个令人羡慕的富有的单身汉。莉莉对自己的挥霍行为感到羞耻，而巴尼购买的真人大小的手办的价格，却从未受到质疑。

我们未曾目睹女性角色在职业生涯中对性别歧视导致的薪酬差距发起抗争，我们从未看到任何女性角色制订财务预算，也未曾听到关于支出计划的讨论。我们对她们的财务优先事项一无所知，不知道她们如何负担自己的生活方式（或许她们根本无力负担），也不知道她们是否曾接受财务援助。

我希望这些记忆能够提醒你，命运从未真正为我们的理财之路做好准备。如果你在纠结大腿间是否有缝隙上花费的时间超过了对积攒储蓄的考虑，这绝对不是你的错。

第 4 章

消费游乐场

我们这代人面临的一项重大挑战在于，我们不断地被外部世界的海量信息所包围。无疑，纵观历史，人们总是面临着将金钱挥霍在非必需品上的诱惑和机会，但在过去十年间，消费文化已彻底深入我们生活的每一个角落。

这是一个即时满足的时代。一个念头可以在几秒内转化为社交媒体上的动态。我们能够实时追踪网约车的具体位置（一旦无法获得这种信息，我们便会非常焦虑）。目睹他人使用某件产品，甚至在它尚未来得及被详细介绍之前，我们便能迅速上网，将其加入我们的购物车中。

这与我们过去生活的世界有着天壤之别。曾经的我们在发送短信时无须等待对方的已读确认，会耐心等到闲时才给朋友拨打电话，预约出租车时无法确知它的抵达时间，对名人年龄的好奇无法立即通过网页搜索来满足，订购比萨时完全无法追踪它送到家里的过程。

在那个时代，你可能会在电视或杂志上瞥见心仪的服饰，如果你想将其收入囊中，就必须出门，前往本地的商店寻找。如果你的居住地没有那家品牌的店铺，或者它们没有你所需的尺码，那么你可能就无计可施了——除非你愿意长途跋涉去外地采购。而如今，我们在网络上看到这些衣物的照片或视频，只需轻轻点击几下，就能直接将它们订购至家中。这一切发生得如此迅速，以至于我们的大脑还没来得及意识到自己是否真正需要或想要它们，交易就已经完成了。

所有这些即时的满足感让我们变得依赖于立即满足自己的欲望。网络搜索能够即时提供任何问题的答案。我们渴望的任何物品都能在几秒内下单购买。

随着时间的流逝，我们已经逐渐适应了这种从渴望到占有的飞速转变，并且开始寻求更多的刺激。这就如同在我们大脑中上演了"饥饿的河马"（Hungry Hungry Hippos）游戏，河马永不倦怠，不断为了获取满足感而咀嚼。

这正是为何一条裙子刚到手时，我们急不可耐想要拆开它的包装，却在仅仅穿过一次后便觉乏味；这正是为何我们认为自己需要四双几乎雷同、差别极度细微的靴子；这正是为何我们的彩妆盘堆积如山；这正是为何我们对即将到来的外卖兴奋不已，甚至超过了食物本身带给我们的满足（对此，稍后还将进一步探讨）。

我们不断追求更多、更多、更多的消费，对除此之外的生活漫不经心。外部世界正慷慨地满足我们的欲望，只需我们付出小小的代价——财务安全。

理财之道要求我们在日常生活中贯彻积极的财务决策。我们花掉的每一元钱，都是未能存下的财富；每一次的消费，都是对"拥有"与"放弃"的一次抉择。但在当今世界，我们做出明智选择的能力正面临着前所未有的挑战。

我们如何购物

假设你在酒吧的智力竞猜之夜，遇到这样一个问题："网购最早出现在哪一年？"你会给出什么答案呢？好了，准备好，我即将揭晓答案，它可能比你想象的要早得多：1972 年。（如果未来的某一天，你真的在智力竞猜之夜遇到这个问题，而你因为读过这本书给出了正确答案，记得给我发一条私信，好吗？）

1972 年，斯坦福大学和麻省理工学院的一些学生通过阿帕网（ARPAnet）完成了史上第一次在线交易。阿帕网是互联网最早的原型。

当时，他们只是借助网络来安排交易的会面地点，因此许多人认为这并不构成真正的电子商务交易。到了 1994 年 8 月 11 日的费城，一个男士在网络上输入了他的 VISA 卡信息，在线购买了一张价值 12.84 美元的光盘，并通过邮寄收到了商品。除了斯坦福大学学生的交易，这成了世界上第一笔真正的电子商务交易。1995 年，我们如今所熟知的亚马逊公司——当时名为 Cadabra 有限公司——作为首个在线书店问世，世界因此发生了翻天覆地的变化。

有趣的是，在那个年代，并非每个人都认识到了这一事件的里程碑意义。《纽约时报》发表了一篇关于费城光盘交易的文章，题为《注意，购物者们，互联网已经开放》，但这并未成为头版新闻。实际上，它被安排在报纸内页，仿佛这只是一则某人与朋友一起搞怪的普通故事。大多数人并未予以太多关注。

在我成长的过程中，关于电子商务和互联网的发展，有过许多次的讨论。我清晰地记得有人曾说过："他们说未来你将能在互联网上购物。我不理解为什么会有人这么做。我绝不会在电脑上输入我的信用卡信息，这太荒谬了！"

……然而，现在我们都在网上购物。

大概30年前，网上购物甚至还是人们不屑一顾的事物，而现在它已成为我们日常生活不可或缺的一部分。

根据各位读者不同的年龄段，你或许对过去的购物、消费和支出方式留有不同程度的记忆。也许你还记得，你的第一份工资是通过手写的领款条领取的现金；或者你还记得，第一次将你的卡号输入网络的时刻（我是在2005年左右输入的，当时我为妈妈选购生日礼物，买了一双粉红色印有露营车图案的人字拖。我非常害怕，以至于从自动取款机上取走了账户中所有的钱，以防黑客以某种方式获取了我的详细信息并窃取我的资金）。

变化真快啊。

在许多方面，电子商务的兴起并非一件坏事。技术进步使得产品与服务能够更加便捷地触达消费者。更多的企业能够接触到更广泛的客户群，随着系统和服务水平的提升，我们的需求可以更快、更简便地得到满足。

然而，我认为，电子商务的爆炸式增长还有险恶的一面，它可能对我们的理财能力产生影响。几乎所有物品的广泛商业化意味着我们生活的世界充满了消费的机会。我们可以足不出户，随时、随地购买一切商品。尽管这在很多方面都带来了便利，但试想这样一个事实：过去，家是我们远离消费诱惑的避风港。现在，无论我们身处何地，诱惑总是如影随形。难以入眠时，我们可能在手机上花掉相当于一周房租的金额；等火车时，也可能轻易地挥霍大笔金钱；哪怕只是简单浏览社交媒体，也可能受到诱惑，买下 5 秒前我们甚至压根儿不知道其存在的东西。实际上，我们几乎没有从无尽的消费机会中得到任何喘息之机，只要有那么一点儿冲动，我们就可能轻易地转向消费。你只需看看 2020 年和 2021 年新冠疫情封锁期间的销售额，就能知道在家中舒适地消费是多么轻而易举。事实上，澳大利亚邮政的《2021 年电子商务行业报告》显示，2019 年至 2020 年间，人们的在线支出增长了 57%。而莫纳什商学院澳大利亚消费者和零售研究部在 2021 年的研究也发现，新冠疫情后，50% 的在线购物者的在线购买量比疫情前有所增加。

电子商务的发展意味着我们与消费之间的障碍几乎被彻底消除，交易体验的各个环节都得到了显著的优化，使我们更容易进行消费。

想想我们花钱的方式。在实体店中，我们已经从不得不书写支票或提取现金，发展到能够刷卡和签名，再到能够使用 PIN 密码，再到能够拍卡支付，现在则只需在手机上轻轻一点。而在线上，我们已经从输入银行卡信息，到网络能够记住这些信息，发展到能够通过双击按钮或扫描面部来支付。

尽管无障碍消费的体验令人愉悦，但这些交易方式的"进步"实际上导致我们更容易花更多的钱。人类行为学中有一个概念被称为"支付的痛苦感",它描述了我们在为产品或服务付费时所感受到的负面情绪。当我们清楚地意识到要支付的钱,并将这种支付与将钱交给他人联系起来时,我们就不太愿意轻易地花钱。因此,尽管我们乐于使用 Apple Pay 和 Google Pay 等应用来轻装上阵,但这些对我们交易体验的"升级"实际上通过在我们和金钱之间建立心理距离,减轻了支付的痛苦感。我们越少接触将钱交出去的行为,花掉的钱就越多。叮,叮!这样一来,我们能存下来的钱就越少。

先买后付

2015 年,澳大利亚第一家大型先买后付(Buy Now Pay Later, BNPL)的服务供应商与零售业首次建立了合作伙伴关系。我们当时并未意识到,我们的消费方式即将提升到一个要命的全新水平。如今,你可以在不使用信用卡的情况下,选择小额定期分期付款购买价值 100 美元的商品。无需信用审核,甚至只需一分钟就能完成注册。这有什么不好?

其实问题不少。该行业迅速发展,涌现出多个不同的信贷提供商,它们拥有借贷的所有优点,但没有任何缺点(至少表面上是这样)。人们纷纷开户,将运动鞋、科技产品和快时尚衣物加入购物车,准备将账单分成自己能够承担的小额分期付款。然而,先买后付标志着一个危险的消费转折点。

现在,我知道,人们对于先买后付有负面看法,这并不是

什么新鲜观点，但我仍想探讨先买后付是如何悄然改变我们的
行为方式的。

随着先买后付的普及，我们越来越习惯于使用它，或者至少
知道这是一种可行的选择。由于锚定偏差，先买后付对我们的大
脑产生了巨大的吸引力。当购买商品被分成 4 期支付时，我们的
大脑可能会锚定在较低的数字上，并根据分期付款的金额（而不
是原价）来判断其可负担性。因此，我们可能会决定购买更高价
的商品，因为分期付款后的价格似乎变得不那么昂贵了。

我们的购买决策在很大程度上取决于我们感知到的产品价
值或享受程度，以及为获取产品可能需要克服的障碍数量。通
过条件反射训练我们的大脑将 100 美元的价格看作 25 美元，
先买后付提供商实际上改变了我们的决策过程。

有确凿的证据表明，先买后付促使我们花了更多的钱。提
供先买后付服务的零售商，实际上赚取了更多利润。再强调一
次：零售商提供先买后付服务时赚的钱更多。不仅更多的人改
变了他们的购物习惯，而且人们的平均消费金额也更高。

为什么我总是鼓励人们在使用先买后付时深入挖掘自己付
出的真实成本？这就是最大的原因。即使你按时还清了所有的
分期账单，你的支出也可能比没有分期付款时要多。

多平台问题

随着先买后付行业的发展，越来越多的供应商涌入市
场。我想，这就是资本主义的本质。但也是因此，先买后
付的问题已经急剧跃升至危险地带。在没有信用审核的情
况下，客户可以在不同的供应商处开立 5 个、6 个或 7 个

不同的先买后付账户。单独来看，1000 美元的限额可能听起来相对无害，但当多个账户落入一个处于弱势地位的消费者手中时，可能会迅速使个体形成更多的债务。

可以说，我们通过先买后付积累的债务比信用卡或个人贷款等其他形式的债务要混乱得多。这些先买后付平台通常不采用余额累积模式。相反，你需要按每个项目的还款时间表分别支付每个项目，这可能会让你陷入混乱。

设想你拥有 4 个先买后付账户，每个账户的信用额度均为 1000 美元。这样一来，你潜在的债务总额就达到了 4000 美元。假设每笔交易都分为 4 期偿还。如果你在账户甲上进行了 4 笔交易，那么就需要分期偿还 16 次。在账户乙上再进行 2 笔交易，则有 8 笔还款。在账户丙上再进行 3 笔交易，那么有 12 笔还款。然后在账户丁上进行最后一笔交易，又增加了 4 笔还款，这些都需要你牢记在心。总共 10 笔交易，需要还款 40 次。

你每天都得关注是否到了某个还款日期，这可能导致你的资金管理发生混乱，增加出错的风险，进而可能产生逾期付款的费用。

对“即时满足”的痴迷

想象一下，当你早晨用拍卡支付拿铁咖啡时，那个小小的加载圆圈一圈一圈转个没完，这是多么令人沮丧？或者当你在

Google 上搜索信息，想要的答案却没有立即出现？或者当你打开 Instagram 时，发现图片没能完全加载？

确实让人心烦。

那么，为何这种短暂的等待会如此令人烦躁呢？尽管往往只需要短短几秒！简而言之，技术的发展已经让我们的大脑习惯了即刻得到一切。

我们这一代人，经常被指责为注意力过于短暂，执着于立即拥有一切，习惯于瞬间获取信息，特别偏好即时满足。但请想一想，世间的一切都加速了。这能怪我们吗？！时代让我们能够看到我们想要的东西，在短短几秒内用面部识别结账，甚至不需要离开沙发。

你是否曾刚下单就迫不及待地点击了追踪货物物流的链接，尽管你知道它只会显示"待发货"，但你还是想看一眼，就怕万一呢！万一卖家实际上离你家只有 14 秒的路程，而你的包裹已经离你很近了呢？或者，你是否曾为了更快地获得一件物品，宁愿支付更多的费用？

我们对即时满足的痴迷来自多方面的影响。比如手机，无论我们在哪里，它都能联网，里面包含了消息传递、社交媒体、次日送达的订单和美食外卖。我们可以随时随地拥有任何东西；我们可以随时随地知道任何事情；我们可以随时随地向世界分享任何事情。我们认为即时性是理所当然的。

互联网的大规模商业化加强了我们对即时满足的渴望。网上购物开启了缩短渴望与拥有之间的距离的过程。然后是社交媒体，它缩短了我们与周围人的距离。反馈变得即时：点赞、关注、反应、对话、评论。突然间，一切都触手可及。

　　我们对即时满足的痴迷归结于这样一个事实：不同状态之间的差距越来越小。欲望与拥有之间、好奇心和确定性之间的灰色地带，都让我们感到极度不适。

　　技术、互联网、社交媒体、应用程序、追踪、数据、算法……这一切改变了我们的消费方式。每当有关于消费的讨论，总是会有关于金钱的讨论。

　　金钱是我们所有习惯、惯例和行为的潜在影响因素。如果我们消费信息的方式改变了，当然也可能以不同方式消费其他一切。也正是因此，我们的银行余额发生了值得玩味的变化。

　　我们这一代人因热爱即时性而饱受批评，由此，我引入了关于即时满足的讨论。就好像这一切都是从我们开始的，就好像所有这些东西都是为了满足需求而创造的。但仔细想想，情况恰恰相反。我们每天使用的所有这些技术，都是在我们知道它们可能存在之前创造的。它们改变了我们的行为方式、思维方式、行为方式以及能够激励我们的因素。当然，这与商业化密切相关。互联网、社交媒体、大数据和算法等技术，都被用来更密集地向我们兜售更多的东西。因为我们的大脑已经为此做好了准备，所以它奏效了。

　　我们不断被指责为自以为是、懒惰和缺乏耐心。这都是因为在不知不觉中，我们被一个希望我们花钱的体系所训练和塑造了。

第 5 章

社交媒体的兴起

你有没有听过这样一句话，"你做某一件事的方式就是你做所有事的方式"？每当我思考社交媒体对我们生活的影响时，这句话总会浮现在脑海中。它不仅改变了我们的沟通方式、消费媒体的方式、与品牌互动的方式、理解彼此生活的方式、表达自己的方式，当然还包括我们花钱的方式。关于社交媒体，我完全有能力写一本完整的书，但为了节省读者的时间，这里仅简要探讨它是如何使我们与金钱的关系变得更加复杂的。

作为人类，当我们观察到周围的人拥有自己没有的东西时，就会产生一种被剥夺的感觉。这种现象被称为相对剥夺（relative deprivation）。我们往往会将自己的生活与一个所谓的参照群体进行比较。我们的生活与这个参照群体的越一致，体验到的剥夺感就越少。反之，当我们看到别人拥有不同的东西、经历和感受时，我们就会感到自己被剥夺了。审视我们人类的基本需求时，归属感是我们最原始的需求之一。当我们意识到别人在做某些事情、赚钱、购物、消费和享受时，我们便会渴望"随大溜",以获得归属感和减轻被剥夺感。

那么,这与社交媒体有什么关系呢?在我们开始依赖手机屏幕之前,我们的参照群体通常是邻居、同事、家人以及我们对更广泛社会的认知。社交媒体的兴起使我们能够接触到更广泛的参照群体。突然之间,我们不再生活在线下的一个个孤岛中——我们能够随时看到数百万人的生活琐事。这让我们接触到各种自己没有的东西,并基于相对剥夺感产生了对这些东西的渴望。

现在,对我来说,撰写书籍而不提及戴森多功能美发棒似乎已成为一种无法实现的挑战。因此,在这本书的前几章,我便毫不犹豫地提到了这一标志性产品。在我眼中,戴森多功能美发棒已然成为千禧一代社交媒体文化中的一座璀璨灯塔。我敢断言,你要么已经拥有它,要么曾考虑入手,要么正渴望得到它,又或许你对它的存在深恶痛绝。但无论如何,你肯定对它闻名已久。

回溯到 2020 年,我也曾为要不要购买戴森多功能美发棒而犹豫不决。社交媒体上充斥着关于它的热议,有人赞誉它的神奇,有人嘲讽它的不足,有人坚决反对购买,还有人分享用它打造完美造型的秘籍。目睹无数人拥有这款极其昂贵的产品,听闻他们意外收到这份礼物(这是真的吗?你不想要的时候,到底是谁会给你买价值 900 美元的礼物?我多么希望我的朋友圈里也全都是这样的人),这一切让我感到自己的生活因缺少它而黯淡无光。仿佛全世界的人都在使用戴森多功能美发棒,唯独我被排除在外。虽然理智告诉我这并非事实,但它在我的参照群体中无处不在,让我感觉这是真的。

正是在此处，社交媒体的"炒作"机制埋下了危机。社交媒体的影响力已非昔日时尚杂志对小众产品的推介所能比拟。如今，我们眼见这些产品在与我们相关的人手中流转，若是我们未能拥有，那份渴望与被剥夺感便会被无限放大。

那么，这一切将导向何方？我们或是为了融入某个参照群体而购买商品，或是因为未能体验到周围人群正在享受的生活而产生极度的自我贬低。这种负面感受往往会导致我们在财务决策上偏离最优轨道。

生活品质的参照标准

对于社交媒体攀比带来的破坏性，我不再多费口舌。我所言并非新鲜事，相信你也早已明了。关键在于，我们周围人群的普遍财务行为为我们设定了一个生活品质的参照标准。我们观察那些与我们相似的人，以确定什么是可接受的行为——无论是财务行为还是其他行为——并将这些行为模式复制到我们的决策过程中。从进化心理学的角度来看，我们渴望归属感。我们想要融入群体。设想一下，你身处一个陌生之地，可能是国外或其他文化环境，或者仅仅是在尝试一项前所未有的活动，比如初次尝试帆板运动。不清楚如何行动时，你很可能会观察他人的行为，并以此为榜样进行模仿。

从生存的角度来说，这种做法是有益的。作为社会性生物，人类自古以来就依赖群体生存，比如我们的祖先会跟随群体以躲避捕食者，若是你因行动迟缓而掉队了，那就很可能会死。

然而，现在来想一想财务行为吧。我们在多大程度上模仿了周围人的行为准则？或者说，我们在何种程度上将自己的财务决策交托给了他人的判断？

在我成长的道路上，许多财务决策都深受周围人的影响。记得我上大学时，透支是每个人的常态，这在英国大学中几乎成了一种传统。透支被看作一种成年的仪式。

不知何故，我一直到大四才开始透支。当然，我早就办理了一张信用卡，还有两张仅限于特定商店使用的赊账卡，而且，当时的我始终坚信，阻碍我实现自我价值的仅仅是一瓶售价 14.99 英镑的瘦身霜。但透支对我来说是一条红线。至少一开始是这样的。

我还记得第一次透支时的心理活动：既然每个人都在这么做，那应该没什么问题。我们都在自己的财务上肆意妄为，不是吗？看到别人也犯着同样的错误，让我更加心安理得地像鸵鸟一样将头埋进沙子，继续忽视问题的存在。

作为一名 32 岁的女性，我此刻正在撰写关于钱的文章，我充分意识到这听起来有多么荒谬。但是，当然，事后诸葛亮总是能看得一清二楚。当我站在 Topshop 的店铺中，准备购买一条 The Saturdays 女子乐队成员的同款裙子时，我是否意识到"我这么做，仅仅是因为大家都在这么做"？不，当然没有。然而，这些行为模式汇聚成了一种生活标准的参照，它使危险的财务行为得以潜藏，得不到我们的充分正视。

如果我预订了私人飞机，或是前往迪拜度假，又或是购买了普拉达和迪奥这样的奢侈品，那么我的行为将与我的参照群体的习惯截然不同，很容易显得有问题。但由于我坚持与周围人的行为标准保持一致，这一切似乎都显得无可厚非。每个人花钱都大手大脚，每个人都发誓在今晚肆意消费之后，明天就开始"不再花钱"。

当我们把这个现象与社交媒体的迅猛发展结合起来考虑时，就能开始更深入地理解我们为何会以这样的方式对待金钱。

在社会层面上，我们之前讨论的参照群体正在不断扩大。这不仅意味着我们能将更多的人作为标准，用以衡量自己的幸福和成功，还意味着我们正在遵循新的生活方式基准，而这些基准背后隐藏着更为复杂的细微差别。

轻轻点击手机屏幕，滑过一幅幅照片，上面展示着设计师手袋被优雅地摆放在大理石桌面上，旁边是一杯杯溢价过高的粉红葡萄酒；Alias Mae 品牌的凉鞋成双成对地摆放在无边泳池旁；再加上一张张横跨欧洲多国的旅行图片，于是，这些奢华的生活体验被悄无声息地嵌入我们的参照系中。你或许会暗自思忖，如果与我差不多的人们都能踏足欧洲，或在那些高档酒吧畅饮，或轻易拥有那个品牌，那我为什么不行？或者，也许，我追随他们的脚步也无可厚非？

社交媒体诱导我们根据他人的行为模式来为自己、自身的幸福、价值乃至财务状况做出决策。我们或是相互攀比，竞相模仿，或是因自愧不如而感到极度挫败。本质上，这种窥探彼此生活的文化，塑造了如同一个令人作呕的三明治般的垃圾。

我承认，我曾说过不会用关于社交媒体危险性的陈词滥调来烦你，但我确实想要简单回溯一下 Instagram 的过往。朋友们，加上你们的怀旧滤镜吧，因为我们即将踏上一段回忆之旅。（讲述这个故事的过程中，没有任何美甲受到伤害。）

社交媒体广告

2013 年，Facebook 收购了 Instagram，这成了史上最伟大的收购之一。社会的结构在边缘处起了火，自那以后便逐步燃烧，直至灰飞烟灭。哈哈，开个玩笑而已——嗯，就算是个玩笑吧。

就在那年的 11 月，Instagram 推出了赞助帖子的功能。这并非那种常见的金发美女手持牙齿美白套装的广告，而是一种允许用户付费推广，让更多观众看到自己帖子的新机制。这标志着 Instagram 重塑为一个广告平台的开始，个人和品牌方都有机会付费，将内容展示给目标受众。

对于我们这些普通人来说，这一切似乎并没有太大意义。为什么要付费让别人看到我那些在家随意涂鸦的美甲，或者我自制的百利甜酒纸杯蛋糕的照片，尤其是它还摆在一个仅售 7.99 美元的 TK Maxx 品牌蛋糕架上？我当然不会这么做。

然而，如果你有商品要推销，那么能够付费向潜在消费者展示商品的想法无疑是革命性的，特别是对于那些小微企业来说。

在当时，这种变化仅仅被视为技术的一次进步。我们以数字方式消费内容，广告紧随其后。这正是现代性的体现。

但到了 2015 年，广告已不再是简单地针对一群有共同兴趣的人展示他们可能感兴趣的产品和服务。现在，它变得更为个人化。在 Facebook 收购 Instagram 两年后，Facebook 像素代码问世，它允许广告商追踪我们的兴趣和在线行为，使得信息传递的针对性比以往任何时候都要强。这不仅仅是广告，这是一次质的飞跃。

自那时起，我们逐渐习惯了互联网上如影随形的广告。我们半开玩笑地说，手机仿佛一直在窃听我们的对话。我们只需对一台新款洗碗机略微多看一眼，接下来便会遭受相关广告的狂轰滥炸。若我们在社交媒体上与某产品互动，那么无论我们身处何地，相关广告总会如影随形地弹出。

我曾在我的 Instagram 快拍中提及一个行李箱品牌，当时只是随口表达了我对他们一款行李箱的兴趣。随后，我的粉丝们反映，Instagram 在我的快拍下方投放了一则该品牌的广告。智能算法自动将我所提及的品牌与该品牌正在推广的广告活动相匹配，并进行投放。（你或许会好奇，在这种情况下，内容创作者是否会得到报酬。答案是否定的。钱直接从品牌流向 Instagram。）

有研究指出，我们每天大约会接触到 6000 至 10 000 个广告。我们的每一个动作都成了销售的机会，这一点正在悄然改变我们的消费模式。

网红文化

在此，我必须首先声明，我对社交媒体账号变现的理念并无异议。怎么说呢，拜托，我自己也是网红中的一员。

从根本上讲，网红的影响力象征着广告渠道的分散化，它将广告资金从企业控制的杂志和广告牌转移到了个人手中，其中包括女性、BIPOC（黑人、美洲原住民、有色人种）、残疾人以及 LGBTQI+（女同性恋、男同性恋、双性恋、跨性别者、间性者、酷儿）等多元群体中的个人。

有些责任若能更好地落实，是否将带来积极的变化？是的。特定规模、能力和种族的网红所得到的巨额资金，是否存在问题？是的。这个行业无疑暴露出了几个严重缺陷。但就我们的消费习性而言，随着品牌方不再将内容创作者视为网络空间中的冗余，转而将他们作为正当的营销渠道来利用，我们被外部信息攻陷的可能性增加了10倍。

转瞬之间，营销的阵地不再是那些熠熠生辉的杂志页面。我们被那些与我们相似的人推销。他们是有血有肉的人。我们可以向他们发送信息。他们和我们一样沉迷于垃圾电视剧。他们与我们建立了准社会关系（parasocial relationship），让我们误以为自己真的认识他们。

网红的影响起源于一场关于向往的游戏。令人惊叹的旅行照片、街头风格的时尚穿搭，充斥在我们的订阅源中，让"平凡"的我们得以一窥那遥不可及的璀璨生活。

然后重点来了。我们开始更加青睐用手机拍摄并上传的图像，而非那些过于专业或过度滤镜化的照片。我们选择去洞察那些更为平凡的生活，它们与我们的距离，不像那些令人憧憬的生活那样遥不可及。我们能够与这些人产生共鸣。我们负担得起他们推广的商品。这些不再是头等舱航班或奢侈品手袋，而是我们在商店中确实会购买的物品。他们向我们展示了一种我们真正能够负担的新生活方式。因此，我们就真的下单了。

然而，不论你倾向于消费那些更为炫目的内容，还是更接地气的产品，结果都如出一辙：我们接触到的一切可能拥有的东西急剧增加，以至于已经彻底失控。

社交媒体消费

OnePoll 和 Point 在美国进行的一项研究发现，59% 的人曾因网红的推广而购买商品；45% 的人报告称，他们因购买在社交媒体上推广的物品而负债。

我们不断被推销，要么是通过广告和智能算法，展示他们知道我们想买的商品；要么是更为隐晦的推销，通过我们对他人生活的窥视。

我们接触到的商品数量已经到了无法控制的地步，更糟糕的是，电子商务和社交媒体正在不断融合。

这一切始于产品链接的插入，起初，内容创作者大多单纯地使用这一功能，引导观众点击链接，访问他们的博客或视频号，以观看更多内容。但没过多久，我们就被引导去购物了。创作者或品牌方会发布某物的图片，并附上相关链接，让我们只要向上滑动就能查看产品页面并购买结账。

在实际操作层面，这种体验通过消除我们与购物车之间的所有障碍，简化了我们的购买决策。还记得"支付的痛苦感"这一概念吗？这里也是类似的情况。支付过程越顺畅，我们就越愿意付款。在习惯层面上，这种社交媒体消费文化极大地缩短了看到和拥有之间的距离。

当你将消费过程的这种转变与社交媒体上的所有深层的情感联系、我们对追随者的信任、归属感需要、我们所经历的相对剥夺感以及我们购物的频率结合起来时，它确实描绘了一幅令人担忧的画面，即在现代社会，存钱变得越来越难。

花钱成为潮流

随着社交媒体成为我们生活诸多领域的核心，我们已经步入一个相当注重社交的社会。而这样的社会趋向于追逐潮流。

对潮流形成原因进行研究后，我愿将其传播速度比作病毒。一次潮流开始时规模很小，只有少数人拥有并实践它，或被观察到与之相关，然后迅速传播成主流，成为一段时间内的焦点，直到它逐渐消失或成为常态。传播和接受共同使潮流成为现实，它越流行，我们就越喜欢。

有广泛的记录表明，社交媒体加速了潮流周期的更迭速度，使得时刻站在时尚前沿成为一项昂贵的壮举。一件潮流单品可能在几周或几个月内就会过时，这迫使我们越来越急迫地下单购买下一件潮流商品。

当然，我并不是说我们需要完全放弃潮流。参与潮流可以带来极大的快乐，当我们在时尚、美食和音乐等领域这样做时，我们就是在追逐艺术、美丽和才华。这不一定是坏事。但我们需要了解消费的周期性，并意识到在供应过剩、过度消费和反复暴露的背景下，加速追赶潮流会给我们的财务带来什么样的影响。

极简主义

极简主义倡导的是一种简单而纯粹的生活方式，它强调的是洁净宽敞的空间、简约的胶囊衣橱以及身体与精神上的杂乱最小化。然而，即便是极简主义——其核心在于减少拥有的物品——也未能幸免于被商业化。

　　胶囊衣橱的概念已经流行了多年。如果你对这个概念还不太熟悉，让我来简要介绍一下。胶囊衣橱的理念就是在你的衣橱中精选出一系列单品，这些单品可以相互搭配，形成多种不同的穿着组合。通常，胶囊衣橱中的单品以黑色、白色、灰色、驼色或海军蓝等基础色系为主，旨在实现高效率、多功能性和实用性。如果设计得当，胶囊衣橱能够确保你在任何场合都有合适的衣服选择，同时减少不断购买新衣物的需求。这似乎是一个绝妙的主意。

　　我想，我们大多数人可能都曾想过要打造一个胶囊衣橱。事实上，我回忆起在 2015 年的大段时间里，我都被那些在 Pinterest 上广受追捧的布列塔尼 T 恤、浅色水洗牛仔裤和驼色风衣的平铺图所吸引，它们似乎在向我暗示，我的巴黎式美学梦想或许并非遥不可及。然而，正如许多极简主义潮流一样，它很快便沦为一种花钱的托词。我在 YouTube 上观看了无数个小时的视频，内容大致是"今年我要给我的胶囊衣橱添加一些东西"。我声称自己在规划一个胶囊衣橱，以此来证明我的购物行为是合理的。我清空了衣橱，打算"从头开始"，但很快发现，极简主义真正吸引我的地方，不过是为我提供购买新衣物的一个光明正大的理由。而要我不再把购物车塞满打折商品，也不再盲目跟风购买名人同款？我显然对此并不太热衷。

　　极简主义在家居领域同样盛行。无杂物房屋的迷人图片仍然频繁出现在杂志和社交媒体上，不断传达着极简生活的理念。然而，通过多年的观察，我发现要真正参与这些潮流，往往需要购物。请别误解我的意图，实现真正的极简主义是完全可能的。比如，在遵循极简生活的原则的同时，不要搜索网店中的羊羔绒扶手椅照片并尝试购买。实际上，我们应该学会充分利用现有的物品，不要过分关注它们的外观。但遗憾的是，我们常常忽略了这一点，最终又陷入了消费的诱惑之中。

　　接着是整理收纳的盛行。究竟是什么让我投入数小时，目不转睛地看着人们以 ASMR[⊖]般的音调为他们的奥迪 Q5 补给物资？他们将 18 种不同风格的冰块（其中不乏贵宾犬造型的）从模具中一一取出，精准地放入那个似乎专为冰块设计的冰箱抽屉中（这究竟是如何实现的），并用价值数千美元的预包装零食重新填满他们的食品柜。不可否认，看到别人买下的这些零食，让我对自己早上用保鲜膜包裹那颗半死不活的牛油果的罪恶感略略减轻了一些。

　　与品牌直接呼唤"快买"的明确广告不同，这些潮流以一种潜移默化的方式诱惑我们不断购买。一切都被悄然转化为不露痕迹的广告，触及我们的情感、情绪、社会地位，甚至是那些下一件我们无法割舍的必需品。

　　见识到这股潮流之前，我从未对冰块模具有过太多思考。而现在，我了解到，只需轻点几下，20 种不同款式的冰块模具就能在明天送达我的家门。但问题是，我真的应该这么做吗？

自我关怀

　　这一术语已成为我们这一代的流行语之一。在网络上，它几乎成了老生常谈，与泡泡浴、摇曳的烛火、盛开的鲜花，以

　　⊖　全称为"autonomous sensory meridian response"，译为"自发性知觉经络反应"。它指在特定视听刺激下，一些人在头皮后部或颈部体验到电流般、令人愉悦和放松的刺麻感的现象。——编辑注

及摆放在大理石台面上的灰皮诺葡萄酒等精致画面的美学形象等同。我们被不断激励着，将几乎任何行为都视为自我关怀的表现，尤其是在消费方面。

让我们简要回顾一下自我关怀这一概念的历史脉络。最初，它是一个医学术语，指的是针对疾病或伤害康复者的推荐疗法。到了 20 世纪 50 年代，自我关怀的理念扩展到了医疗领域之外，在美国民权运动期间，它成了活动家们的一项关键实践。黑豹党（Black Panther Party）的领导人曾在监禁期间采用瑜伽和冥想等与正念有关的技巧，后来在黑人社区推广了自我关怀的概念，强调建立人际关系的重要性，并在种族冲突的激烈时期，倡导关怀自己和社区的重要性。实际上，自我关怀的核心理念之一，就是为黑人社区的医疗、社会和情绪需求构建支持基础，而不依赖于仅支持白人的机构。

当我们追溯自我关怀这一概念的源起与初衷，再对照当前这一术语的运用现状，不禁心生重重忧虑。然而，这也深刻揭示了商业化的巨大影响力。

我们已深陷商业化的旋涡，以至于已经养成了花钱买东西来应对生活的习惯。即使在追求自我关怀的道路上，我们的直觉反应往往是寻求购买的可能性。例如，为了开始冥想，我们可能会购买一张精美的瑜伽垫，报名参加一堂冥想课程，或是买入几条价格不菲的瑜伽裤。

在探索自我关怀的旅程中，我们每个人都需要重新审视许多业已习得的习惯。尽管推动我们走到这一步的诸多因素源自外界，但我们也承担着选择颠覆这些既定规范的责任。

最近，当我站在镜子前，细致地涂抹精华液时，仍然会对究竟是该先涂面霜还是后涂感到困惑，同时希望我已为 Dr Dennis Gross 的红蓝光面罩美容仪充足了电。在这一刻，我不禁沉思，我为何要经历这一切？一方面，荷荷巴油那舒缓而奢华的水疗香气确实带来了愉悦的体验，我一边对这套烦琐的护肤程序感到烦恼，一边又享受着皮肤清洁后湿润的感觉。另一方面，我内心深处清楚，我这么做是为了抵御岁月的痕迹。我是否真的享受这个过程？或者，我这样做仅仅是为了在父权制社会中尽可能地保持吸引力？

我认为，这两种动机都真实存在。然而，在维持外在形象与真正为自己所做的努力之间，界限究竟何在？当我们在享受的事物与被社会塑造去享受的事物之间的界限变得模糊不清时，我们将面临怎样的境况？

买来的自我关怀

刚刚我在 TikTok 上浏览了以"自我关怀"为标签的话题，以下是呈现的内容精选。

- 使用 Ouai 牌身体磨砂膏对身体去角质（价格高达 67 美元）。
- 用精美的杯子调制一杯冰拿铁（还附上了亚马逊的购物链接，嘿，点进去你会发现，你还能入手一整套高端咖啡器具，然后在家里厨房设置一个咖啡区）。
- 每月投入 150 美元的复杂护肤流程。
- 敷上面膜。（这个倒还好，不过有些贴片面膜的价格竟然超过 100 美元，呀！）
- 清理面部汗毛。

- 使用红蓝光面罩美容仪（但只有 600 美元以上的才真正有效）。
- 点燃香氛蜡烛（这个相对便宜，但视频中的蜡烛也要 80 美元）。
- 用玫瑰花瓣泡澡。（更经济实惠，但泡完澡还得清理花瓣，呀！）
- 复杂的身体护理步骤。（难道我们现在连身体护理也要搞出一整套繁复的程序了吗？）

我们越是试图通过购买来实现自我关怀，却依然感受不到真正的关怀，就越可能陷入不断消费、感觉越发糟糕的怪圈——这是一种自我实现的恶性循环。

现在，我完全意识到，我对这些流行趋势和我们为之付出的代价进行了过于严苛的审视。我绝不是打算建议大家都摒弃那些香气奢华的精华液。很遗憾，我们的外表在生活的许多领域都可以被视为一种硬通货，尤其是在职场中。毕竟我们都有账单要付，不能不考虑经济问题。

解决之道并不在于完全拒绝这些行为。真正的挑战在于，如何区分我们内心真正的渴望与社会强加给我们的欲望。

我们需要探讨社会是如何塑造我们的消费行为的，并探索后退一步的力量，审视所有这些"产品"，然后根据我们自己的情况来决定参与程度。你每天辛辛苦苦去上班，绝不仅仅是为了换取一个堆满不穿的衣服的衣柜和一个塞满各式精华液的护肤品柜。你值得拥有更多由自己掌控的财富！

第 6 章

持续消费的幕后推手

实现理财之道，最大的障碍之一是品牌方、公司、零售商和营销专家比我们更了解我们的大脑。他们深谙如何创造消费者的渴望，并愿意为此投入数百万美元，因为他们深知这样的投资将带来数十亿美元的回报。

通过本书的这一章，我希望能够揭示这些策略的运作机制，使你能够即时识别它们，并在它们与你的财务状况不符时，及时避免深陷其中。一旦我们理解了自己的大脑是如何运作的，就能在购物过程中后退一步，审视究竟发生了什么。当我们明白了驱使我们采取行动的原因，就能拦截那些促使我们掏出钱来的信念、想法和情感，从而根据自身情况做出更为明智的选择。

接下来，先探讨一些推动我们掏出钱包的关键策略。

售卖生活方式

若你曾涉猎市场营销或商业课程，可能对"售卖生活方式"这一概念有所耳闻。其核心在于，你所推广的并非产品的特性，而是它为消费者带来的生活变革。你不是在销售一支能燃烧 10 小时、重达 600 克的蜡烛，而是在推销一段宁静的时光，一种从日常喧嚣中抽离的平和，一种对美的追求，甚至是一种个性特征或身份象征。你卖的并非一套服装，而是一种充满自信或力量的感觉，或是接近我们理想自我形象的途径。

当我们被推销一种生活方式时，所购买的远超产品本身。通过这一产品，我们仿佛看到了我们的生活和身份在未来的某个时刻将得以提升。销售生活方式或产品体验的宗旨是与我们深入沟通，触动我们的情感，并引导我们完成决策过程。当这些情感诉求与我们的当下感受相矛盾，或与我们对自己生活乃至更广泛意义上的自我认知发生冲突时，有更多的因素在起作用，而不仅仅是金钱换产品的交易。

创造"差距"

我们的消费模式在很大程度上是由差距所驱动的，这种差距体现在我们当前的感受与期望的感受之间、我们的现实身份与理想身份之间，以及我们目前的生活状态与渴望达到的状态之间。正如前文在讨论节食文化和美容标准时所提到的，通过创造、确立或扩大消费者与其理想自我之间的差距，人们开启了一个充满商机的世界，商家可以借此推销各种商品来填补这一差距。当品牌在我们的生活方式或身份认知中制造或扩大了这种差距，它们便有机会将自己的产品塑造为解决问题的方案。借助这种情感纽带，我们的大脑会编织出一些故事，认为购物能为我们的生活带来某些改变，从而酝酿一场完美的消费风暴。在本书的第二部分，我们将深入探讨我们的财务行为如何深受情感影响。

培养拥有感

品牌吸引我们掏钱的策略之一便是激发我们的拥有感。这种策略可能是我们已经习惯的简单行为，比如在试衣间试穿裙子；也可能通过前沿技术实现，比如利用增强现实技术预览口红上唇的效果，或是将家具等产品置入我们的居家空间。这些做法都会引发所谓的拥有者偏差（ownership bias），抑或禀赋效应（endowment effect）。品牌通过缩短我们与商品之间的心理距离，让两者建立起一种心理联结，从而赋予我们一种虚假的拥有感：我们开始设想这些商品成为我们生活的一部分。

这正是网红营销的强大之处。看到我们崇拜、与之产生共鸣或敬仰的人物也信赖这些产品和服务，进一步加深了亲密感和拥有感。我们不仅仅在品牌的广告中看到产品，而且在它们应有的生活场景中，在现实生活的具体背景下，在别人的家中，或是在与我们的生活相似的日常场景中遇见它们。这比仅仅知道产品的存在更进一步，商家开始将产品无缝嵌入我们的日常生活。

反复暴露

让我们不断消费的一个简单而有效的策略就是反复暴露。我们之前讨论了在塑造潮流时反复暴露的原则，同理，反复看到相同的广告或信息有助于其深入我们的意识。在营销和广告界，曾有所谓的"七次法则"，即人们至少需要接触某件事物七次才能记住它。

鉴于我们不断遭受越来越多的广告轰炸，这个数字可能已经不再固定，但基本原则依然适用：我们需要多次接触某物才能注意到它。

这正是再营销和像素追踪技术如此有效的原因。这就是广告在网络上"尾随"我们的现象。它们可能在社交媒体平台上出现，或以食谱网站上显眼的横幅广告形式展现。（你知道的，就是当你用拇指不断滑动，试图绕过菜谱作者关于奶奶的柠檬树的故事，只想直接看到制作步骤时，那些不断出现的横幅。他们讲述这些故事，是为了创造更多空间来嵌入广告。）

如今，得益于数字化的机遇和精准的目标定位，广告的反复暴露变得前所未有地简单。过去，你需要在广告牌、公交车或杂志上看到七次同一广告，这些信息才开始在你的脑海中停留。现在，广告确实能够如影随形地跟着你。

这一过程同时也受到了我们人类的证真偏差（confirmation bias）的影响——这是一种认知偏差，我们的大脑会更倾向于关注那些支持我们已有信念或想法的信息。这种偏差也渗透到我们的消费行为中。一旦你对某个产品产生了购买的念头，你就会开始注意到那些支持你对该产品需求或欲望的信息。比如，当你想要一辆新车时，似乎无论走到哪里都能看到那款车型的广告；当你渴望购买一件时尚的衣服时，你会开始注意到周围人都在穿这种风格的衣服，并将这些生活经历视为你购买决策的证据。这就是我们的证真偏差在起作用。

通过一遍又一遍地向我们展示相同的产品、服务或品牌，尤其是如果我们对所展示的产品或品牌已经抱有某种欲望，零售商就有机会利用这种证真偏差。如果我们认为自己可能想购买某件商品，然后在接下来的几周内不断接触到该品牌的广告，我们的购买可能性不仅会随着每次接触而增加，我们的大脑也会开始寻找应该购买的证据，从而为接收这些信息做好准备。

你总是看到那个包的广告，这并非命运，只是再营销策略。

锚定

锚定是一种巧妙的价格和销售策略，它通过利用其他产品和服务来引导我们的欲望，从而激发对特定商品和服务的需求。

有一次，我穿过 Zara 的店铺，拍摄了一段视频，以此为例阐释何为锚定。你是否注意过 Zara、H&M 以及其他类似快销品牌的店铺布局？店铺的入口处通常展示的是它们的高端商品，这些产品价格较高、十分精美，并且由身材苗条的模特儿穿着。这些商品在你的脑海中种下了你喜欢的款式和剪裁的种子。当你在店铺内行走时，会发现周围散布着与之相似但价格更低、通常质量较次的商品。你的思维被引导到这些产品上，因为它们看起来像是以更经济的方式来实现你在逛店铺入口处时的愿望。零售商希望你在购物时所选择的这些较便宜的产品，是受到你在购物体验早期看到的更昂贵商品的影响，这部分商品实际上操纵了你对低价商品的看法。

锚定的概念能够解释为什么"平替"在我们的购买行为中占据了如此重要的地位。所谓的"平替"是指某些产品的更便宜的替代品。多年来，这些"平替"在社交媒体和博客上已经变得十分普遍。在 TikTok 上搜索"平替"，你将会看到数小时的最佳平替产品视频，从香水、手袋到美容产品，应有尽有。

根据相对论的原则，以这种方式看待产品可能会干扰我们对购买决策的评估。购买一款标价 50 美元的眼霜本身可能需要仔细考虑，但如果这款眼霜是另一款标价 250 美元的眼霜的平替，它看起来就更加物有所值了。

你如果曾经在 Mecca 美妆店排队等待结账，就会在收银台前的抢购层看到所有产品的小样，从而深刻体验到锚定的力量。仔细想想，这完全是一种天才的策略。你刚刚逛了这家商店，被那些贴着全价标签的正装产品所吸引，但遗憾的是，你手中的钱能买到的护肤品数量是有限的，无法完全满足你的欲望。然而，在你等待的时候，某个产品的小样映入眼帘——虽然正装需要 70 美元，但小样只需 27 美元！你可能会情不自禁地说："别废话了，把我的钱拿走！"我们以为自己在某种程度上掌控了这个系统，但不幸的是，我们才是被操纵的人。下次你逛 Mecca 时，想想我说的这些话（慎买小样）。

人为制造或夸大的稀缺性

你是否在网上浏览时遇到过这样的提醒，"还有 500 人正在查看这个商品"？或者看到一个醒目的红色警告标志旁写，"这个价格只剩下最后一件"？我们的大脑天生就具有稀缺性偏差（scarcity bias）。如果某物供应有限或需求旺盛，我们就会更倾向于购买它。

这些策略已经存在了很长时间。然而，传统的饥饿营销与现代媒体、现代消费模式相结合，催生了"限量销售"文化。几家流行的运动服饰品牌因其显著的业绩增长和忠实的客户基础而备受瞩目，其中很大一部分原因正是人为制造的稀缺性。不要误会我的意思，稀缺性并不是产品销售的唯一因素，我并不是在否定商家建立人们愿意购买的品牌所使用的技巧。但在顾客决策方面，看到产品以限量的形式发售会使该产品更具吸引力，很可能促进销量。当一个品牌进入定期限量发布产品的节奏，一批产品迅速售罄，等待下一轮发售的优先购买人员也迅速满额时，我们就会成为其手中的软泥，任其宰割。

限量发售的产品通常会在上市前几天发布通知，伴随着这样的警告：上一次的发售在几分钟内（最多几个小时内）就已售罄。这种情况下，我们的理性决策能力几乎完全被消解，原因主要包括：

- 我们无法放缓脚步来深思熟虑是否真的需要这款产品——要么立即购买，要么永远错过。
- 高度的炒作、快节奏和高需求会淹没我们的理性，使我们不假思索地购买。

- 高需求和低供应自然会激发我们想要获取更多。
- 如果很多人想要购买这款产品，我们自然会被潮流所影响，甚至可能通过跻身为少数幸运者之一来提升自己的社会地位。
- 短暂的发售期使我们几乎没有时间来决定自己是否真的负担得起这款产品。

新奇性

你知道人类真正喜欢什么吗？新奇的东西。我对此很着迷。品牌当然也知道。当我们看到一些我们以前从未见过的东西时，也许是两个品牌之间的合作、某个产品的独特口味或特别版配色，我们就是无法抗拒。

去年，我不得不反复说服自己，不要购买一瓶特别版的杜松子酒。这是一个护肤品牌和一家酿酒厂合作的产品。瓶身被贴上了这个护肤品牌标志性的小众色彩标签。但除此之外，它真的只是……一瓶普通的古典杜松子酒？然而，我仍然想花100美元买它，就因为它很新奇——尽管我压根儿不想买杜松子酒。幸运的是，我及时制止了自己，意识到新奇感已经控制了我，于是慢慢退后，保持清醒的头脑。

我们对新奇事物的热爱也源自我们对怀旧情感的热爱。电影《芭比》（*Barbie*）证明了我们有多么喜爱在成年生活中重现童年记忆。电影在澳大利亚上映的前一天，我快速搜索了一下

"芭比特别版"，结果显示出无数被塞入文化风潮中的产品。以下是其中的一些。

- EMU 牌的芭比粉拖鞋。
- 芭比与 Fossil 的联名手表。
- Glasshouse 的芭比主题香薰蜡烛。
- Mermade 的头发造型器：芭比特别版。
- Crocs 的芭比特别版鞋。
- OPI 与芭比的联名指甲油套装。
- 宝丽来的芭比特别版相机。

与朋友们一起看电影可能需要花费 30 美元，但与芭比相关的消费可能会让你付出更多。我不是说不能通过消费体验文化时刻——如果我几年前没有购买那双灰色的 EMU 拖鞋，也会考虑购买这双芭比粉色的——但我们必须意识到自己被推销了什么，以便根据自己的条件做出决策，以免为了融入某些社交时刻而牺牲我们的财务自信。

促销与折扣

一方面是令人难以抗拒的诱惑。试问，谁能够拒绝心仪商品直接打八折的诱惑，或者，谁不喜欢在黑色星期五、Vogue 在线购物之夜等大型折扣活动的前夜，发现梦寐以求的商品呢？

然而另一方面，促销与折扣却成了我们不良财务习惯的催化剂。若再添上免运费的条件，简直就是引发财务灾难的导火索。我们之前已经探讨过情绪化消费、追求即时满足，以及潜意识控制的购物行为，这些都是我们轻易陷入的消费陷阱。一旦促销活动加入战局……哦，我的天，那岂不是火上浇油？

原因如下。

折扣和促销活动通过解锁另一个影响我们行为的认知偏差——损失厌恶偏差（loss aversion bias），为我们的思维过程增添了额外的推动力。

作为人类，我们本能地对于损失有着强烈的反感。我们不喜欢失去或错过机会，这种心理可能是错失恐惧症（fear of missing out, FOMO）的表现。我们不愿意错过任何好事。当一件我们渴望的商品被贴上"即将售罄"的标签时，这种渴望会瞬间升级，让人迫切希望将其据为己有。

特别促销活动通过两种方式加强我们对商品稀缺性的感知。

（1）折扣或促销活动往往有着明确的时限。

（2）在销售期间，需求的激增和供应的减少意味着商品可能会比平时更快地售罄。

这两个关键因素使我们的情绪脑陷入混乱。以下是一些你可能已经耳熟能详的促销期间的叙事方式。

- 紧急购买："我必须立刻下单，因为一旦打折，它肯定会被抢购一空。"
- 追加购买："在七五折的诱惑下，我会四处寻找更多的商品来囤积。"
- 重复购买："趁着打折，我最好一次买两个，稍后再决定是否退掉其中一个。"（结果，你两个都留了下来。）

- 表现出某种情结："天哪，它在打折，这一定是命运的安排！"
- 虚假的节省："既然我在这个商品上省下了50美元，那我也应该把那个商品一同收入囊中。"
- 错误的收益观念："天哪，打六折，我赚了200美元！"

此外，促销活动的夸张宣传常常驱使我们仅仅因为折扣极具吸引力而去搜寻更多的商品。

我经常在我喜欢却买不起全价商品的店铺中遇到这种情况——说的就是你们，DISSH 和 SABA。这种能够买到以往遥不可及之物的兴奋感，赋予了我们一种近乎挑衅的快感，让我们在购物车中填进了一件又一件的商品。当我们目睹那些巨大的折扣时，仿佛感受到了胜利的喜悦。我们战胜了系统！我们仅用240美元就买到了价值1000美元的商品，而且还有更多的包裹正在路上，里面蕴藏着一次又一次的快乐机遇。哇！真是太令人兴奋了，哇！

然而，当包裹最终抵达，那份新奇感终究会消逝，我们也被重新拉回了现实。唉，叹息。

狄德罗效应与消费的连锁反应

你是否有过这样的经历：购买了一件物品后，然后发现自己在与该物品稍微有点儿关系的其他方面的支出呈螺旋式上升？这就是所谓的狄德罗效应（Diderot effect）。这个概念源于18 世纪法国哲学家狄德罗的一次亲身经历，他在经历了一次"生活品质升级"后发现了这一现象，这一切都是从购买一件精美的长袍开始的。长袍入手后不久，他开始意识到，与这件长袍相比，他原本满意的其他所有物品似乎都显得陈旧不堪。突然之间，他发现自己被欲望淹没，开始渴望越来越多自己以前从未想过的物品。

当购买一件物品引发了一系列的消费连锁反应时，狄德罗效应便开始发挥作用。这种现象在你提升生活品质时尤为明显——无论是换车、更换沙发，还是更新衣橱里的衣物。我们感到有必要购买其他物品来衬托和提升第一件商品所带来的生活品质，以"匹配"我们已经适应的新标准。这些往往是我们之前未曾渴望、不需要，甚至未曾考虑过的物品，但最初的购买行为却悄然播下了一颗不断成长的种子。

我屡次体验了狄德罗效应的魔力。在深陷健身励志文化的那一刻，我的消费之旅便开始了：从购买健身指导手册（哦，本书读者中是否也有追随比基尼身材训练指南⊖的姑娘们）起步，继而踏上了购买运动装备的征途，随后是蛋白粉，紧接着运动前补剂也加入了行列，然后还有玛咖粉、奇亚籽以及各式各样的健康产品。转眼间，维持我的身体状态变成了一笔令人咋舌的开销！

举一个危害较小的例子，购入一幅印花挂画可能会突然激发你对一张新沙发的渴望，紧接着，你又会觉得需要新的靠

⊖　澳大利亚健身博主凯拉·伊辛斯（Kayla Itsines）创立的比基尼身材训练指南（Bikini Body Guides, BBG），吸引了上千万粉丝。——译者注

垫和枕头，然后是一张咖啡桌来搭配。购买一条阔腿裤可能意味着你会想入手一件与之搭配的夹克。这预示着你的穿衣风格正在转变，于是你又想添置一条同款但不同颜色的裤子。突然间，你的运动鞋似乎不再和谐，于是你又换了一双新鞋，就这样，你陷入了一个消费的旋涡，最终可能会走向财务不安全的道路。

我将这些经历称为"消费的连锁反应"。从一个购买行为开始，然后是另一个，再一个，你的支出开始不断地连锁式增长。在你的生活中注意到这些连锁反应，可以帮助你拦截不必要的支出模式，从而更好地守护你的钱包。

拒绝消费陷阱

以下是一些具体行动，能够帮助你深入洞察周遭的消费陷阱。

审视你的环境

最难的部分在于，这些诱惑已经无缝嵌入我们的日常环境和生活习惯中。我们的屏幕、公共交通、耳边和邮箱充斥着广告。我们需要提高对这些诱惑的免疫力，本书第三部分将详细介绍如何做到这一点。目前，你可以采取一个重要步骤：审视你的环境。

尝试留意你接触到广告或其他消费诱惑的频率，无论它们是明显还是隐晦的，并对你的媒体消费习惯进行一些调整。屏蔽或取消关注可能促使你冲动消费的品牌。退订那些不断发送给你的营销邮件。最重要的是，要认识到这些信息常常未经邀请就侵入你的意识。请守护好你的精神空间！

尝试无消费挑战或无消费周末

"无消费"这个概念或许并不新鲜，也可能会引起一些争议——我们稍后会进一步探讨原因。但在增强你的广告辨识力和对消费陷阱的抵抗力方面，尝试进行一天或一个周末的无消费挑战，能够让你意识到有多少消费机会围绕着你，以及你可能在不知不觉中就轻易地花费掉相当于一小时的工资。

购买路径反思

购买路径反思（purchase pathway reflection, PPR）是一种启发性的自我练习，旨在帮助你识别购买决策最初可能被影响的节点。挑选出你最近购买的三件商品，尝试追溯那些引导你最终掏出钱包的步骤。这个过程可能是直接的，例如在社交媒体上看到一件商品，一键点击便完成了购买。也可能是间接的，比如你注意到某种流行趋势逐渐兴起，越来越多的人开始穿戴它，你发现了自己喜欢的款式，接着收到了一封包含折扣码的促销邮件，最终促使你下单。这甚至可能是一连串的消费连锁反应，一次购买引发后续的多次购买，形成螺旋式上升的消费模式。洞察导致你购买的路径，能够帮助你更有效地截断这一过程。在本书的第三部分，我们将深入探讨如何收回你的消费决策权，从而彻底夺回你对个人财务的控制权。

Good with Money

第 7 章

要花钱的地方实在太多

如果我们渴望某物而尚未拥有，成百上千的相似商品就会不断呈现在我们面前。若我们手头拮据，会有无数的借贷平台随时准备为我们提供资金。倘若遭遇不顺的一天，购物似乎成了寻求慰藉的无数途径之一。而在美好的一天结束时，庆祝的方式也是五花八门，琳琅满目的商品等待着我们。即使我们短暂地感到幸福满足，也别太早放松警惕，因为转眼间，我们便会看到有人在欧洲的豪华游艇上逍遥，这无疑会让我们感到自己的生活相形见绌。

这些现代进步创造了一种消费文化，简直是在从我们手中抢钱。我们的生活重心被篡改，我们的不安被放大利用，我们的欲望和需求被巧妙地操控……

这种环境剥夺了我们的自主权，将我们变成了被动、盲目、潜意识的消费机器。是时候夺回我们的力量了，这正是本书的宗旨所在。

如果我们能学会基于对我们真正重要的事物来做出财务决

策，而不是被零售商和广告商精心设置的外部因素或消费陷阱所左右，我们就能根据自己的价值观和真实的财务目标来做出选择。

这并非意味着彻底停止购物。

也不是说永远不被炒作所吸引。

更不是指始终做出完美的选择。

这是关于意识的觉醒。意识到我们周围无处不在的陷阱，更加关注我们的财务行为，积极主导我们资金的使用，以及有意识地做出消费决策。

最大的挑战在于，如何在成为明智消费者的同时，继续享受消费的乐趣。这两者并非水火不容。我们可以在理智管理财务的同时，依旧享有我们喜爱的物品。我认为，在不以 Mecca 最新上市的修容产品为生活重心的情况下，我们依然可以适度地参与消费。

重点在于更好地过滤掉所有噪声，恢复我们的决策能力，而不是任由外界的声音决定我们的选择和优先级。

这要求你比以往任何时候都更深入地探索自我，理解周遭的世界，以及金钱的实质。当你打破束缚自己的消费孤岛，重获财务决策的自主权，明确什么对你至关重要，并学会如何让你的财富与之匹配时，你将感受到前所未有的自由。想象自己去超市购物时手持一份清单的情景。当你吃饱喝足且手持所需物品的清单时，你更有可能带着正确的商品满载而归。而如果你饿着肚子，心中充满渴望，既无清单又无预算，那么你可能会带着一堆错误的物品离开。

同样的逻辑也适用于我们的财务决策。当你更深刻地了解自己，并专注于你的财务优先事项时，就能更明智地应对所面临的选择。了解自己，是一种财务上的自我赋能。

电影《律政俏佳人》（*Legally Blonde*）中，埃莱·伍兹（Elle Woods）在法庭上辩论道："幸福的人不会杀害自己的丈夫。"尽管这并非无懈可击的法律论点，但埃莱在一点上是对的：幸福的人往往能做出更正确的决定。我们越幸福，就越不容易被现代消费文化的喧嚣所影响。

正如我们将在本书后续章节中继续探讨的那样，我们的情绪在许多情况下都在起着作用，而且往往有一个解决方案已经准备好，就等着我们在最脆弱的时刻按下购买键。我们越幸福，这些信息就越难以通过我们的心理滤网。

我完全理解，对于你而言，"只要幸福，你就能少买东西"这样的建议完全是可恶的废话。你无法像切换开关那样，轻松地对这一切免疫。但我想要告诉你的是：我们越是专注于放慢生活的节奏，回归生活的本质，享受那些微小的瞬间，品味生活中的小小幸福（不管你信不信，这些快乐常常是免费的），摒弃"幸福感是可以买到的"等观念，我们口袋里的钱就会越多，也就越有机会按照自己的意愿去生活。

现在，是时候去深入了解你自己了。

○ 第二部分

别成为自己道路上的障碍

在本书的第一部分，我们深入探讨了社会如何塑造我们的消费习惯，以及我们生活的这个世界是如何使我们难以理财的。然而，除了这些外部因素，我们实现财务成功的道路上还有一个更大的障碍：我们自己。

金钱本身并无实质意义——其中一部分不过是由纸或塑料制成的货币而已——但我们人类是情绪化、容易非理性思考的生物。金钱的意义源于我们与之互动时的情绪投入。

我们与金钱的关系错综复杂，这种复杂性始于我们的童年早期。研究表明，我们大约在六岁时就已经形成了一套关于金钱的基本信念。随着我们一生中的经历，金钱以无数种方式影响着我们，从而彻底扭曲了我们对待金钱的态度。此外，正如第一部分所探讨的，我们还在与一些混乱的条件反射做斗争。

如果你曾试图实施预算计划，却以失败告终；或者试图管理自己的财务，却发现自己回到了原点，那可能是因为这个计划要求你完全理性，只做在数学上合理的事情——一旦无法做到这一点，计划就会失败。如果不解决财务挑战背后的原因，即使是最合乎逻辑的解决方案也会失效。

因此，在本书的第二部分，我们将深入探讨这一点：审视我们的情绪、非理性与财务之间的复杂纠葛，从我们因成长经历而产生的有关金钱的思考和感受，到我们花钱、存钱和管理财务的方式（或者在许多情况下，破坏财务的方式）。了解我们的想法和感受如何影响财务行为，有助于解释为什么我们会用钱做这些事情。有了这种洞察力，我们可以重新规划我们的消费习惯，以期获得更好的结果。

第 8 章

我们的非理性大脑

这里的关键在于：我们的大脑实际上并不适合恰当地管理金钱。事实上，我们的大脑并不适合我们要求它们做的大部分事情。

现在你知道自己的种种问题出在哪儿了吗？！反正我知道了。

我们的大脑并不是天生就想着囤积资源，比如金钱。

我们的大脑并不是天生就想着毫无理由地消耗自己，比如运动锻炼。

我们的大脑并不是天生就想着放慢脚步并做出深思熟虑的决定，比如有意识的购买。

我们大脑的原始部分天生擅长节约能量，与群体保持一致，迅速逃脱捕食者并在精力充足时充分利用它们：这些行为都有助于我们的生存。我们的远祖并不操心退休规划，所以当我们试图为 30 年或 40 年后的未来储蓄资金，或者为了未来的健康而运动长跑消耗体力时，我们的大脑可能会感到困惑，仿佛在说："这究竟是在干什么？"我不是神经科学家，所以我只是触及了这些问题的表面，但这确实揭示了我们人类与生俱来的设定是如何阻碍我们成为理财高手的。

我们的大脑拥有众多功能，其中最核心的脑区之一是杏仁核。当遭遇威胁性情境时，杏仁核负责控制我们的行为——它会以任何它知晓的方式来缓解我们的脆弱感。

大脑的另一个关键区域是前额叶皮质。它是负责理性思考、规划未来、设定目标以及执行"正确"决策的区域。

当我们选择通过锻炼来让自己筋疲力尽，以期在未来 30年内保持心脏健康时，主导我们的是前额叶皮质。当我们决定不再饮用 5 升软饮料，因为意识到其中含有"致死量"的糖分时，也是前额叶皮质在发挥作用。

然而，前额叶皮质并不总是在线。当杏仁核感知到威胁或强烈情绪时，前额叶皮质会暂时关闭，此时，我们原始的、因威胁而激活的、对恐惧敏感的杏仁核便接管了行为的主导权。杏仁核的首要任务是缓解由威胁或情绪引起的感受。

我们常常认为前额叶皮质是意识的一部分，而杏仁核则是潜意识的一部分。如果我们仅依赖前额叶皮质来管理财务，理论上我们就始终能做出明智的选择。我们会具备预见性，能为未来储蓄；我们不会对不必要的事物产生情感依恋；我们会在理解长期后果的基础上，以良好的判断力处理财务决策。

然而，事实上，我们大多数决策都是在潜意识层面做出的——这就是理财并不像理论上那么简单的部分原因。我们必须将情绪纳入考虑范围，才能真正掌握理财习惯，并让它们持续下去。

在优化财务行为方面，我们可以通过训练前额叶皮质在做出财务决策时保持更长时间的在线状态，来"破解"大脑的运作模式。还可以通过建立与所追求的财务结果的情感联系来进一步努力——将我们的潜意识也纳入其中。本书介绍的许多技巧都将帮助你做到这一点。

我们内心的创意总监

我们的情绪大脑和潜意识偏爱故事。我们用故事来加工信息，理解生活。这些故事帮助我们理解那些难以理解的事物，比如金钱。金钱是一个抽象的概念。如果我们不使用它，它就失去了价值——这就是我们的情绪发挥作用的地方。

情绪造就了才华横溢的创意总监。当涉及金钱时，我们会编织出各种各样的故事，这些故事会影响我们的行为。我们有很多故事，关于产品或经历在我们的生活中的意义，关于金钱的意义，关于金钱的用途，关于我们自己和我们应得的金钱，关于拥有金钱意味着什么……每当我们面对金钱时，内心的创意总监总会在场，以我们能够理解的方式诠释这种经历。问题在于，这些故事可能会扭曲我们的财务决策。当我们审视创意总监的工作时，可以更清晰地看到我们的财务行为、质疑我们的潜意识信念，并最终打破我们反复陷入的循环。

第 9 章

情绪化消费

　　"情绪化消费"这一术语，常常被用作一种武器，目的是将女性排斥在财务决策的领域之外。在男性被鼓励去冒险和积累财富的同时，女性却被教育去收集优惠券，避免所谓的情绪化消费。然而，情绪化消费这一问题曾让我深陷困扰，并且我认为它依然是一个充满争议的话题。因此，我选择不将女性这一性别边缘化的困境简单归咎于情绪化消费，而是希望在我们的创意总监的视角下探讨这一问题。

　　我们的创意总监的职责在于编织故事，赋予我们的经历以更深层次的意义。情绪化消费在这个过程中扮演了角色，它是创意总监在资本主义体系下寻找我们定位的一种方式，向我们叙述商品如何影响我们的感受，往往不自觉地夸大我们从商品中获取的价值，使其显得更加重要。

　　回想一下你最近一次的外卖体验。仔细回忆那次经历。那顿食物真的如你所期望的那般美味吗？是否有点儿凉了？订单中是否遗漏了你期待的食物？在某种程度上，你是否感到了一丝失望？

或许你此刻不愿承认，但事实可能就是如此。如果你回忆中的外卖体验好像是"厨师的杰作"，我可以肯定地说，那更像是一次例外，而非常态。

我曾经在社交媒体上针对这个话题进行了一项调查。虽然我清楚，通过 Instagram 进行的民意调查无法达到人口普查级别的数据质量，但调查结果确实显示，人们对大约一半的外卖体验都不甚满意。值得注意的是，这项调查是回顾性的，还要考虑到人们往往极不情愿承认自己做出了错误的选择。

请再次审视这个数据：一半的概率。50% 的外卖订单在送达时间上未能达到预期。那么，为何我们还是不断地下单呢？按理说，如果我们能够理性思考，一次不愉快的外卖经历应该会让我们在下次考虑丢弃那些完全可以食用的剩菜，或是放弃制作我们真心喜欢的意大利烩饭时，能够回想起那长达 64 分钟的等待和未能如期出现的芝士汉堡。难道不是吗？

但我们没有。只需一个不顺心的日子，或是一些好消息，或是一些坏消息，或是一个折扣码，又或是"饭搭子"的一个建议，我们的创意总监便会拿出故事板，围绕外卖所象征的意义构建出一整套叙事。这次的外卖订单，可能是为了庆祝，可能是一种犒赏，可能是在艰难时刻的自我慰藉，可能是解决时间紧迫的方案，也可能是对自我的一种关怀。不论故事如何编织，它总能将健康的"鱼和蔬菜计划"吹得烟消云散——砰的一声，你又回到了外卖软件的世界。

这种行为完美地诠释了我们大脑那不可思议的能力，它能够人为地放大我们从某物中感知的价值。这一切都关乎我们从外卖中获得的体验。

当你度过糟糕的一天，疲惫地回到家中，所有关于外卖订单可能导致的结果的合理认知都会从你的大脑中消散，取而代之的是一系列虚构的好处。你开始回忆那些储存在脑海中的故事，那些告诉你外卖会让人感觉更舒心的故事。你的期望在攀升，你的外卖信息在输入。订购外卖，满足的是你的情绪需求，所以当食物最终送达，结果却湿答答、软趴趴、令人失望的时候，这与你大脑的情绪部分毫不相干。你大脑的理性部分清楚这是一次失望的结果，但因为你被那种情绪冲动所左右，它关闭了你的前额叶皮质，你的行为更多的是被故事所驱动，而非事实。

以外卖为例，因为这是一种极为直观的方式，能够展示我们的大脑如何将某些事物想象得比实际情况更加美好，我们是如何忽视所有我们明知为真的事实，仍旧坚信只要掏出一些金钱，就能满足自己的需求的。

这种情况在多种情境中都有体现。有多少次，你因为相信一件衣服能改变你的生活而将其买下？或者在情绪低落时通过网络购物来寻求慰藉？又或者，为了表示一个新的开始，或者你认为这是培养新习惯的唯一途径，而购买了一本笔记本？

所有这些消费行为，都是我们的创意总监围绕塑造我们的身份认同以及购买物品而编织故事的结果。当我们经历强烈的情绪波动，导致前额叶皮质关闭时，这些故事就会被触发，并最终影响我们的行为决策。

我的创意总监编织的故事

"只需再添置这些基础款服饰，我就能完美应对这一季！"这是号称时尚极简主义者的埃玛·爱德华兹的话语，她宣称自己将不再购买任何衣物。

"我需要这本笔记本，它将是我记录日记和列出待办事项的开始！"这是埃玛·爱德华兹的独白，她是一个细心且热爱记录生活的女性，通过购得一本 kikki.K 品牌的笔记本，她仿佛重塑了自己的人格。

"这款精华液将彻底改变我的肌肤，我会变得光彩照人，如同女神一般，让人们惊艳到认不出我来！"这是埃玛·爱德华兹的内心戏，她以 49 美元的划算价格，试图解决从高中起就觉得自己不够漂亮的复杂情结。

"天哪，如果我拥有了那件衬衫、裤子和外套，我定能化身为那位苗条、爱运动的女性，尽管我们的体形截然不同！"这是埃玛·爱德华兹的幻想，她试图照搬那位她认为比自己更有魅力的女性的衣着，来解决自己的身材形象问题。

"我必须拥有这个，经历了今天的种种挑战，这是我给自己的奖赏！"埃玛·爱德华兹倾情演绎，她将一天的糟糕体验化解于购买一瓶眼霜的满足感中。

"我决定拿下这个，因为今天过得无比精彩，这是我给自己的小小奖励！"埃玛·爱德华兹饰演的角色，将购物的快感视为庆祝美好日子的唯一方式。

"我要去凯马特超市挑选一些家用健身器材，再搭配一套崭新的运动装，从下周一开始我的健身之旅！"埃玛·爱德华兹诠释了一个寻求新生的健身房爱好者，她将锻炼的动力寄托于购买健身装备上。

"这本书读完，我定将焕然一新！"埃玛·爱德华兹深信，只需将一本书置于床头，即便从未翻阅，也能助她克服自身的所有瑕疵。

"我渴望一个赏心悦目的家，因此我将前往塔吉特百货，将那些心仪的装饰品——收入囊中！"埃玛·爱德华兹室内设计技巧欠佳，却因为花费 200 美元购买了可能永远都不会挂起来的画作，而感到家中看起来不再一团糟。

情绪化消费的五个阶段

情绪化消费的过程，宛如与一个魅力四射却满口谎言的恋人约会：起初，一切看似美好，最终却以心碎告终。

第一阶段：吸引。我们目光所及，发现了心仪的物品。或许是通过积极地观察商店、网上或街头路人身上令人心仪的好物，或许是日常生活中偶遇的一则广告，甚至是朋友或同事的提及，使得这件物品在我们的心中埋下了欲望的种子。此时，我们的创意总监从左侧舞台入场，开始编织关于这笔潜在交易的种种幻想。

第二阶段：拉扯。我们与商品展开了一场隐秘的拉扯。一旦想法生根，我们便开始对各类购物平台变得异常敏感。我们开始设想拥有该商品的生活，我们的注意力也自然而然地被那些支持我们购买的证据所吸引。

第三阶段：**快感**。众所周知，多巴胺——一种在我们期待快乐时释放的、令人愉悦的激素。与普遍的认知不同，多巴胺的峰值并非在我们实际获得心仪商品的那一刻，而是在购买前，在我们满怀期待地幻想着拥有它后生活将变得多么精彩时。多巴胺的涌动实际上是在购物的前期——这也是为什么在购买行为完成后，我们常常会感到些许无聊，因为多巴胺带来的那种快感已经消逝。

第四阶段：**怀疑**。随着多巴胺的消退，我们对生活发生美好转变的幻想开始破灭，冷酷无情的现实逐渐浮现。天哪，一件衣服居然没有彻底改变我的人格。这怎么可能？！

第五阶段：**真相**。如果我们遵循这一系列从欲望的沉沦到解脱的过程，残酷的真相就会到来。那种感觉，就像是意识到自己再次犯了错。你四处翻找，寻找购物收据，在 Google 上搜索 Zara 等品牌是否接受已经剪掉标签的商品退货。（剧透警告：它们绝对不会。）

你心知肚明，你被自己的创意总监欺骗了。那条裙子并没有将你变成一个拥有完美胶囊衣橱的极简主义者，它也没有带给你预期的自信。而且，尽管你告诉自己这是近期最后一次购物，但你知道，这绝不会是最后一次。

任务

有关后悔的分析

为了帮助你深入理解"内心的创意总监"这一概念，我要请你回顾并思考三次令你深感后悔的购物经历。请将它们记录下来，并尝试回忆在每次购买行为中，你试图解决的问题、面对的威胁或是想要摆脱的情绪。当时，你是希望获得一种全新的情绪状态，还是想要消除已有的情绪困扰？在那个过程中，你是否感受到了焦虑、恐惧或是压力？

对于这三次购物经历，你"内心的创意总监"是如何为你编织故事的？你期望这些商品能够给你的生活带来怎样的改变？

接下来，审视你的购物体验。在购物之后，你感觉如何？现在回想起来，你又有什么感受？你的期望在哪些方面落空了？

第 10 章

我们的财务经历与观点

    洞察我们一生中与金钱的互动方式，对于理解我们与金钱的情感纠葛至关重要。金钱，无论是直接地还是间接地，都被织入了我们成长的过程，而我们的创意总监自我们幼时起便开始塑造故事，以帮助我们理解金钱的意义。

    在探讨成长背景如何塑造我们对财务的理解时，一个普遍的误区是，认为我们的财务现实状况决定了我们与金钱的终身关系。每个人都曾听说过那些经典的白手起家故事，讲述一些企业家从小生活在贫困中，决心改变自己的命运，于是他们开发了一款应用程序，凭借在 WeWork 的办公桌下吃方便面度过了两年艰难岁月，而如今他们已跻身百万富翁之列。

    无疑，这样的故事有时确实会发生。然而，决定他们未来计划的并非贫困本身，而是他们从贫困经历中孕育的信念和决心。这一区别至关重要。你的经历是什么并不重要，重要的是你如何去经历。拥有某种经历并不意味着你会与其他有着相似经历的人有相同的反应。

自 10 岁起，家里就只剩下了我和妈妈，这意味着我的童年并不富裕。请别误解，我的基本需求能得到满足：我们拥有住所，我有足够的食物，有校服，以及许多其他必需品。甚至，我还有一台 PlayStation 游戏机，我们都知道，对于 12 岁的孩子来说，那无疑是一种物质财富的象征。

然而，我深知我们的经济状况。我明白我们没有足够的财务保障。我了解母亲为金钱发愁，我也目睹了汽车修理等日常开销带来的焦虑。我曾听闻抵押贷款偿还的危机，也目睹了母亲职业生涯中多次面临失业的挑战，以及心理健康问题和婚姻破裂对财务状况的灾难性影响。因此，我常常困惑，为何我没有生来就具备敏锐的理财直觉？为何我不像书中的那些人，因为渴望金钱，便下定决心掌握自己的财务？为何我没有足够的决心去积极地决定换一种方式体验金钱？

简而言之，这是因为我从自己的经历中获得的信念并没有转化为财务上的明智决策。记住，重要的不是你所经历的现实，而是你如何感知这些现实。两个人可以拥有完全相同的财务成长背景，但其中一个可能成长为精明的储蓄者，收入丰厚，拥有战略性职业规划；而另一个可能发现自己负债累累，面对紧急情况也无力拿出资金。

兄弟姐妹之间的差异就是一个典型的例子。由于我是独生女，没有直接的比较对象，但如果你有兄弟姐妹，不妨问问自己，他们在理财方面做得比你好还是差。如果你们在相同的家庭环境中长大，接受了相同的财务教育（或者都缺乏财务教育），为什么你们在对待金钱的方式和对财务的态度上会有所不同？这是因为你们各自以不同的方式看待和解释自己的经历。

在缺乏所需物品的环境中成长，有些人可能会形成一种信念，即金钱是稀缺的，因此需要紧紧抓住。成年后，这种信念可能会导致他们避免借贷、努力储蓄，甚至不愿花钱。还有些人可能认为金钱难以获得，一旦拥有，就必须在它再次溜走前消费掉。这种信念可能导致成年后难以维持储蓄，赚到的钱很快就花光，以及感觉与金钱斗争是生活常态。

这种现象与所谓的"习得性无助"有关。如果我们从小就把金钱视为导致困难的原因，我们可能会无意识地坚持那些导致这种情况的行为。如果看到父母努力管理金钱却依然生活困苦，我们可能会认为，无论多么努力，结果都不会有太大不同。这可能会让人感觉，试图存钱是没有意义的，因为留住钱很难，我们对此无能为力。

我们从小对金钱形成的信念可能会剥夺我们有效管理金钱所需的力量。如果你根本不相信某事可能发生，那么你就不太可能做到它。正如一句古老的谚语所说："无论你相信你能做到，还是相信你做不到，你都是对的。"

如果你的成长过程中充斥着与金钱有关的情绪波动，如果你常看到金钱引起争论或成为持续的冲突点，你可能会认为这意味着金钱是邪恶的，或者是坏的，或者金钱与爱或安全不能共存。因此，成年后，你可能会尽量避开金钱，避免与之接触，因为担心它也会给你的生活带来冲突。其他人可能也有相似的经历，因此他们不惜一切代价避免与金钱相关的冲突，但这也可能表现为囤积金钱，以保护自己，免于将来不得不为金钱争吵。

在这里，我想强调的关键点是：原谅自己。原谅自己在金钱方面的现状。如果你认为自己不擅长理财——鉴于你正在阅读这本书，我猜，你很可能会有这样的想法——这并不是因为你贪婪、笨拙、不够聪明，或者比不上其他家人、朋友或同事。实际上，你成为这样的人，有一个非常合理的解释，这都源于你实际上无法控制的深层信念。

在理财方面，关键在于认识到你对金钱的信念如何塑造你的行为。当你明白自己的信念时，你的行为就变得完全可以理解。你的创意总监正在利用这些信念来解释情况，并指导你的行为方式。好消息是，你有能力为自己创造一个不同的现实。如果你目前的信念导致你以某种方式行事，你可以改变这些信念，让更积极的行为成为你的新常态。我们将在第三部分中一起探讨如何做到这一点。

财务视窗

一个人的财务经历汇聚在一起，最终形成一片广阔的财务视野。这片视野涵盖了对于金钱的理解、生活的态度以及对各种潜在可能性的全面洞察。它仿佛是一扇窗，透过它你能窥见外界无穷无尽的财务潜力。如果这扇视窗越小，那么你相信自己能实现的财务潜力便越少，你的财务视野也将变得狭隘；反之，如果视窗越宽敞，你相信自己能实现的财务潜力便越多，你的财务视野也将变得更加开阔。

许多人不擅长理财，一个重要原因是视窗过于狭隘，无法洞察到视窗之外的现实。或许，我们瞥见了一些与现实生活略有不同的真实碎片，但这些微不足道的差异并不能起到实质性的作用，因为我们最终还是会质疑：好吧，这究竟有什么意义？然而，一旦你拓宽财务视窗，就能够触及自我之外的真实世界，理解不同的路径如何导向不同的结局，从而重塑你的信念与行为模式。

在我的理财旅程中，一个至关重要的转折点是我意识到了自己的财务视窗过于狭隘。自幼，我便深信赚钱是一项艰巨的任务，财富总会轻易地得到又失去，生活稍有起色便会立即遭遇波折。我从未体验过财务上的韧性，即在逆境中仍有储蓄的安全感；我未曾拥有过财务积极性，也不曾感受过富足的滋味。过去，我以为这一切都是生活的常态。那时的我认为，能拥有一台 Play Station 游戏机和一双崭新的校鞋就是莫大的幸福，自己不可能攀上更高的层次。从根本上说，我的经历教会我，金钱不过是偶然落入我口袋的过客。我或许能赚得一些，也可能一无所获。赚到钱了，我可以购买一些物品；没有赚到，我只能艰难挣扎。在那段日子里，我感到自己无力塑造或掌控自己的财务命运。

在那个时期，每当听闻别人年纪轻轻就做出了精明的财务决策，我心中便涌起一股对自己的失望和愤怒。我曾与一个高中时期结识的朋友共同工作，在此之前，我们都在家乡的不同咖啡馆里打工。我记得她曾向我透露，她单独开设了一个银行账户，用来存入其中一份工作的薪水，她从不触碰那笔钱，不去看，也不去想，只是让它静静地积累。当我们步入大学校园时，她已经悄然存下了约 6000 美元。而我，尽管也在咖啡馆里花费了大量时间，为顾客端上帕尼尼，最终却两手空空。因为那时的我根本攒不下钱，我总是将钱挥霍在购买口红或

Vans 运动鞋上，或者在午餐时间充大方，请小镇上每一个路过的人品尝薯角。

后来，我看了一本书，书中作者描述了自己不宽裕的童年，所以当他们离开家，独立生活时，租下了自己能找到的最便宜的房子，并在接下来的几年里一直非常、非常艰难地存钱。最终，他们积累了足够的资金，得以买房、旅游或开创自己的事业。

这些故事让我陷入了深深的困惑和后悔之中。为什么我没有采取类似的行动？我为何不能将第二份工作的收入全部储蓄起来？如果我真的那样做了，我的生活又会有怎样的转变？为何我既未曾受到他人的激励，也缺乏自我驱动去实现这样的目标？

简而言之，这是因为那时的我对财务世界的其他可能性一无所知。在我看来，金钱总是来去匆匆，它似乎掌控着我，而我不得不为之焦虑不已。我未曾意识到，其实我可以采取行动，成为金钱的主宰。

财务触发点

尽管早在 6 岁时，金钱观便已在我们大脑中生根发芽，但我们的心理数据库中还有一些可称之为"财务触发点"的因素。所谓财务触发点，是指那些在我们的财务记忆中留下深深烙印的关键时刻。这些时刻可能在任何年龄阶段发生，它们或许是一段婚姻的终结、家庭的解体、大规模的裁员、突如其来的巨额财富、剧烈的财务冲突，抑或生活中任何与金钱直接或间接相关的重大事件。我们的大脑通过构建信念来消化这些经验，并解读这些财务触发点，而这些信念将长期潜藏于潜意识之中，指引我们的决策过程。前文提及的我们内心的创意总监，会将这些记忆储存起来，作为它编织故事时的参考素材。每当我们遭遇某些唤起这些触发点记忆的事件（即便并非完全相同）时，我们的创意总监便会通过将这些记忆投射到新的经历上，来帮助我们理解它们。

于我而言，一个重大的财务触发点便是我父母的分居。除了家庭破碎带来的创伤、父母分居引发的冲突，以及单亲家庭所面临的财务脆弱性，还有一段记忆，在很长一段时间内塑造了我的诸多财务行为。那时的我才 10 岁，父母告诉我，爸爸与一个工作伙伴有了不正当关系，他将离开我们，与她一起生活。就在那个周末，妈妈给我买了一个 Babyliss 牌的卷发棒，这在 2002 年可是绝对的潮流物品。我清晰地记得，卷发棒需要大约 15 分钟来加热，配有三种可更换的金属板，分别用于打造小卷、中卷和大卷。它简直酷毙了。

后来，母亲向我坦白，她买下那个卷发棒，是为了在他们宣布分居之前，给我一丝安慰。后来，他们正式离婚了，接下来的几个月里，她不断地用物质上的宠爱来弥补我，希望以此让事情变得好一点儿。对她而言，这不仅是一种掌控局面的手段，也是对下层中产阶级不成文规矩的遵循，即"维持表面的光鲜亮丽"。我们不愿表现出生活的挣扎与不易。

在那段日子里，我的大脑悄然吸收了一种信息：当我感到悲伤，或是遭遇不幸时，花钱购物能够带来慰藉。诚然，Babyliss 卷发棒并未改变父亲离去的现实，但我那 10 岁的大脑感受到了获得新事物的兴奋，它喜欢这种感觉。对我而言，花钱成了缓解痛苦的便捷途径，并逐渐固化成一种行为模式。每当遇到触发那段记忆的事情时，我的大脑便会意识到这种行为模式可以作为应对的策略。

信念决定行为

财务视窗和财务触发点如何影响我们成年后的经历？实际上，它们构成了我们行为决策的参照框架。在面临不同的财务情境时，我们会参照自己的财务"出厂设置"，搜集所有相关信息来指导我们的行动。

这一点在体育赛事中尤为明显，我们可以清楚地看到相同的经历如何引发不同的结果。例如，在同一场体育比赛中，支持对立两队的两位观众，尽管他们目睹了相同的比赛过程，对于比赛的理解却截然不同。

我们还得考虑体育迷的情感特质。一个认为自己所支持的队伍遭受不公的球迷，会将裁判的每一次判决视为背后捅刀子。而一个坚信自己所支持的队伍表现出色的球迷，则会将每一场比赛视为技巧和战术的完美展示。对于那些总是认为自己支持的队伍多次屈居亚军、屡次错失荣耀的球迷来说，这样的结果会带来深深的痛苦；而对于常年排名末尾的队伍的拥护者来说，获得亚军已然是幸运的眷顾。

关键在于，信念影响了我们的行为。在金钱问题上，我们持有的一套财务信念影响了我们对待金钱的方式。这些信念构成了我们生活方式的暗流。当这股暗流与外部世界——如广告、社交媒体、诱惑、日常生活的繁忙本质——相遇时，它们可能会撞在一起，给我们的财务管理带来灾难。

获得证据支持时，信念得以巩固

如果我们任由自己遵循财务出厂设置行事，我们便会通过自己独特的视窗观察世界，并借助自身的财务触发点所构建的框架来解读各种事件。这样一来，我们的每一次经历都会进一步巩固我们的信念，形成一个自我强化的行为循环。

假设你坚信赚钱是一项艰巨的挑战，你便会透过这一视窗来感知自己的经历，并且会调整你的认知以符合这一信念。一个极端的例子是，那些出身贫寒的人因中彩票或成为高薪运动员而一夜暴富。许多人都有耳闻，彩票大奖得主最终破产的故事，或是意外继承巨额遗产的人最终失去了幸福和财富。尽管我们不确定这些事件的真实统计数据，但重点在于：骤然得到或意外得到之财很容易被挥霍一空。

尽管在理性层面上，更多的钱似乎能够解决问题（的确，在满足基本需求方面，金钱是有效的），但在情感层面上，我们的财务出厂设置可能无法应对财务状况的剧烈波动。因此，我们只能依赖心理数据库中的既有信息来理解这些变化。

在比中彩票更为贴近生活的层面上，我们可以观察到，类似的情况同样出现在生活方式的缓慢演变中。尽管你的薪水有所提升，但你的财务状况并未真正发生改变。生活方式的转变显得缓慢，一方面是由于习惯使然和麻木不仁，另一方面也受到情感因素的驱动。

设想你自幼便深信金钱能控制你，长大之后，尽管收入逐步攀升，但是，若没有刻意干预，你的心理数据库将重新塑造你的决策和行为——这可能会驱使你不断升级消费水平，使你在金钱面前依然感到与低收入时同样地无能为力——最终导致你的生活现实与过去如出一辙。

在我们试图塑造全新财务面貌的过程中，内心的财务出厂设置往往会形成一道难以逾越的障碍。我们可能会坚决表示，不想每个月都捉襟见肘地等着发工资，或者渴望拥有储蓄以备不时之需，避免因车辆保养的开支而焦虑。然而，熟悉的事物会带来安慰，我们逐渐适应了这种挣扎。因此，当我们面临"这笔钱是该花掉还是存起来"的抉择时，内心深处可能会有某种满足感："哦，我可以花掉它，反正下周还有机会存钱……"就这样，我们的财务出厂设置介入并阻止了我们可能带来不同结果的行为。

每当你超出预算，却总能设法避免陷入彻底的困境，你实际上是在训练大脑，让它相信你可以继续这样做。这对我来说是一个巨大的难题，当我意识到，我总能找到某种方式来"补救"超支，这反而是在破坏我试图努力储蓄、精明消费时，我仿若醍醐灌顶。我会加班，或者在 Marketplace 平台上出售物品，所以在潜意识里，我是在向自己证明，我可以花钱，因为我知道会有更多的钱进来。我会在某个地方弄到钱，即使这意味着使用信用卡。

尽管我们以为自己想要更多的钱或更多的储蓄，并且知道这能让生活更轻松，但我们往往忽略了，如果财务状况发生变化，我们的自我认同会发生怎样的转变。有时，维持财务的出厂设置有其益处：这可能意味着我们不必竭尽全力；不必冒险尝试新事物并承担可能失败的风险；也不必真正执行那些我们曾说"一旦有更多钱就会做"的事情。如果这些事情让我们感到畏惧，比如转行、搬迁到另一个城市、生育孩子或签署抵押贷款，那么，原地踏步以阻碍我们迈向新现实的努力，从心理层面来说，可以带来一种慰藉。

任务

探索信念与行为之间的联系

将你的行为与你深植的信念、思维模式联系起来，是理财之旅中不可或缺的基础工作，与宽宥自己过去可能犯下的财务错误同样重要。

探索信念与行为之间联系的方法有多种。实际上，当你阅读这部分文字时，你的心中可能已经浮现了一些想法。这些想法可能与我在前文分享的个人成长经历一致，或者，你可能会发现与自己经历的或相信的恰恰相反。

重要的是看到你的思想和行动之间的联系。首先，回顾你成长过程中的财务经历，记住，少关注实际发生的事情，多关注你的感受或感知。在这里，集中注意力是关键，因为你的大脑如何加工这些经历才是最重要的。想想你目睹的父母对待金钱的方式，以及他们谈论金钱的方式，这会有所帮助。

然后再深入一步。关注那些财务触发点，那些可能标志着你与金钱关系中一些重要时刻的大事件。当时发生了什么? 你有什么感受? 这让你对金钱有什么思考? 记得要温柔地对待自己。处理过去的记忆可能相当复杂, 也会引发许多情绪。注意: 在处理这些事情时, 确保你在心理和身体上都处于安全的空间, 如果你正在处理严重创伤性的记忆, 可以考虑与心理健康专业人士或了解创伤干预的财务教练讨论这个话题。

想想你的财务视窗。除了你自己的经历之外, 你对金钱有多少理解? 你觉得自己对金钱有多大的控制力?

把这一切都记下来后, 翻到新的一页, 问问自己: 你希望改变哪些财务行为? 作为一个成年人, 金钱对你来说意味着什么? 当你花钱、存钱或试图改善财务状况时, 内心发生了什么? 你如何应对财务困境? 最后一项可能也有帮助的任务是思考你对父母或其他抚养者的财务信念和行为的看法。财务信念和出厂设置可能会代际传递, 所以看看你的父母如何活出自己的财务出厂设置, 可能会发现一些线索。你以何种方式违反或模仿了你成长过程中周围人的行为或想法?

将这些答案也记录下来, 现在, 试着将它们联系起来。你可能会发现, 你的行为模仿或违反了父母或其他抚养者的行为。你可能会注意到, 你很难控制自己的金钱, 这可能与你儿时记忆中金钱不在你控制范围内的感觉有关。你可能会说, 你希望自己能更好地掌握金钱, 并随之找到一些相关线索, 比如你小时候经常听到的某些话语。

重要的是要知道，这不是一次性的任务。了解你的财务出厂设置是一种持续的意识状态，它影响着你对金钱的整体态度。你需要将其保持在脑海的角落，随着时间的推移逐渐培养出对它的觉知。同时，坚持记录理财日记，或者在你的笔记应用软件中列出一个清单，专门记录你一天中关于金钱的想法，这可能会有所帮助。这些想法可能是一种挥之不去的担忧，或者是在看到别人度假而自己却不得不困在工位时产生的嫉妒感，心里想着"他们是怎么负担得起的"。

将注意力转向你在日常生活中对金钱的思考和感受，有助于你摆脱潜意识消费，并与你的财务行为背后的原因建立更多的联系。

这些答案将开始让你更多地了解，你在成长过程中如何形成了有关金钱的信念和习惯，以及你曾经不愿原谅的自己的出厂设置。从这种因果关系的角度看待你的财务行为，可以帮助你理解为什么你很难做好理财——而自我宽恕是向前迈进的过程中强有力的一步。

改变对金钱的看法，是理财过程中的重要组成部分。理解你的信念与行为之间的关系，或者你的思想和行动之间的关系，将帮助你逐步建立起财务自信。

你的信念可以改变，你的财务视窗可以拓宽——这只需要时间和持续的练习，我们将在第三部分中详细探讨这一点。自我觉知是改变你财务规划方式的第一步，也是最关键的一步。

我们可以通过改变信念来改变行为，也可以通过改变行为来改变信念。

第 11 章

我们的自我价值与自我认同

正如创意总监在商品和金钱所代表的深层含义中塑造故事，它同样构建了我们作为人类个体的故事。每个人内心都存在着自我关联和自我认知。这些认知有时非常积极，有时则相当消极，这两种心态往往交织并存。设想一下，当我们编织的关于财富和消费的故事，与我们对自身形象创作的故事发生冲突时，将引发怎样的矛盾？

在谈及赚钱、储蓄和理财的有效管理时，坚信我们可以拥有财富（以及财富所能带来的种种可能）至关重要。如果我们对此缺乏信念，就可能在无意中损害自己的财务机会，无论是节省开支的努力，还是在职场中彰显自我价值的过程。

从审视你对金钱的内心独白开始，特别是你对于自己与金钱关系的看法。你如何定义自己与金钱的关系？令人震惊的是，太多人欣然接受自己"不善理财"的标签，或者坚信自己缺乏责任感，认为自己对金钱一无所知，认为自己的行为偏离了最受赞誉的财务标准一定是因为自己存在问题。

这在很大程度上源于在传统观念中，金钱一直是一个禁忌话题。我们中的许多人从小被教导，探询商品价格或他人收入是不礼貌的行为。我们被教育要严密守护自己的财务状况，这意味着无论我们是否富有，是否在金钱管理上遇到挑战，我们都必须保守这个不能说的大秘密。

这种态度催生了一种与金钱紧密相关的强烈情绪，尤其发生在女性身上，那就是羞耻感。女性常常因金钱感到羞耻，不论我们是富足还是贫困，是挥霍还是节约，是积累还是失去。我们与金钱的互动方式往往根植于羞耻感，特别是当我们觉得自己不配或不值得拥有财富时。为了感到自己配得上金钱，我们需要建立起一种积极的自我关系。

我们对自己的看法以及自信和自尊的程度，深刻地塑造了我们对待金钱的行为，也影响了我们为自己创造的经济成果。要想在理财上游刃有余，我们必须认识到自己的价值，而在一个外界不断评价我们无价值的世界中，这无疑是一项艰巨的挑战。

任务

有关金钱的内心独白

内心独白往往难以察觉，因为它可能深深根植于我们看待自己的方式中。为了解你与金钱的互动关系，请仔细阅读以下陈述，并根据你同意或不同意它们的程度进行排序。

完全同意————————————————完全不同意

- 我坚信自己在消费时能够做出明智的选择。
- 我在理财方面颇具才能。

- 我有能力妥善管理我的财务。
- 我的财务状况完全在我的掌控之中。
- 我接受自己在金钱管理上的失误。
- 我很少因为自己的财务状况而感到愧疚。
- 我几乎不会为金钱问题感到焦虑。
- 我相信我有能力改善我的财务状况。
- 我能够存得住钱，而不觉得有冲动要将其挥霍。

将这些积极的陈述摆在你面前，可以帮助你发现何时会不自觉地自我贬低，也可以促使你头脑中消极的替代想法变得更加清晰。记住，进行这项任务时，要温柔地对待自己。如果你此刻不愿或不便深入思考这些，完全可以留待心情适宜时再继续。

现在，让我们深入探讨一下，破裂的自我关系是如何塑造我们对待金钱的态度的。

通过花钱寻求自我满足

正如第一部分所述，我们常常将自己的自我价值寄托在那些与"我是谁"无关的事物上，比如我们的外表、体重、与普遍审美标准的契合度、身高、风格、肤色等。缺乏完整的自我认知，导致我们不断试图通过花钱来提升自我感觉良好的程度，从而陷入了一个无休止的循环。

通过花钱寻求控制感

在生活的纷扰中，花钱成为我们能够掌控的一种方式。当我们感到生活失控时，往往会通过花钱来重拾内心的平衡。无论是自我感觉不佳、遭遇不顺的一天，还是面对难以驾驭的情绪，花钱似乎是一种简单的方法，让我们觉得生活正在按照我们的意愿前进。这种倾向在我们渴望改变、想要变得与他人一样，或是修补自认为存在的种种缺陷时尤为明显——不管问题是什么，我们总以为可以通过购买来找到解决方案。

当我们尝试改善财务状况却遭遇意料之外的障碍时，这种逻辑也同样适用。我们感觉，财务现实似乎超出了自己的控制范围，所以不由自主地回到了唯一能掌控的事情上：花钱。

通过花钱追寻理想的自我形象

正如第一部分所探讨的，我们被诱导相信：自信、幸福和享受就在网络订单的另一端。当我们对现实的自己不满，往往会幻想出一个理想的自我，这个虚构的形象推动着我们做出诸多财务选择，并驱使我们把情感寄托在物质上，试图以此来满足我们化身为他人的渴望。将金钱投入这个幻想自我的塑造上，只会引发更深层次的失望和未被满足的需求之间的循环，让我们如同赌徒般不断掷下骰子，期待下一次的尝试能够带来转机，直到我们找到方法，打破对"下一次购买将成为救星"的盲目信仰。

财务领域的自我破坏

当我们的行为损害了自身的最大利益，便构成了所谓的自我破坏（self-sabotage）。这种破坏力能渗透我们生活的方方面面，无论是人际关系、财务状况，还是身心健康。在面对未知、充满威胁或令人不适的情境时，自我破坏的倾向尤为明显。

若你对自身的理财能力缺乏信心，或因不善储蓄而感到羞耻，那么在尝试积累财富时，你可能会感到心理不适。这便是你的财务"舒适区"在发挥作用，它让你感到安全，让你固守熟悉的领域。因此，当机遇来临，让你本可以存下一笔资金，从而改变你急欲摆脱的困境时，你却会不自觉地寻找各种理由，将这笔钱消耗一空——或是挥霍于某件特定事物，或是任其在不知不觉中流失。

挥霍一空

在探究非理性财务行为的过程中，最难以理解的莫过于我们对金钱的挥霍倾向。在意识层面，我们渴望积攒财富，期望拥有金钱，并希望对资金流向有更多的掌控感。然而，实际上，我们可能在故意挥霍金钱，这听起来非常荒谬。但请相信，这真的是现实。

我们挥霍金钱的方式五花八门，无论是对朋友和家人的过度慷慨，还是在无关紧要的事物上的盲目消费，或是通过忽视财务状况来扼杀改变现状的可能性。

　　归根结底，挥霍金钱反映了我们对自身财务管理能力的不信任。当我们缺乏自信，感觉自己不配享有金钱（或不配享有金钱带来的财务自信），或是不相信"像我这样的人"能够实现财务稳定时，轻易放手似乎成了一种更为舒适的选择。

像鸵鸟一样将头埋进沙子

　　如果你曾对自己的财务状况视而不见，尽管你清楚它亟须关注——我也有过同样的经历。回避金钱问题是一种应对策略，用来减轻我们在思考金钱问题时所感受到的心理不适。我们可能选择不去查看银行账户，推迟做出财务决策，将账单拖到最后一刻（甚至更迟）才予以处理，或者在明知应该为其他事项预留钱财的情况下，仍旧过度消费。

　　这种回避行为与羞耻感紧密相连。它既可能是羞耻感的产物，也可能是一种试图摆脱羞耻感的方式，从而让我们陷入一个错综复杂的循环。当我们为自己的财务状况不如他人而感到羞耻时，我们可能会在改变现状的紧迫性与面对问题可能引发的羞耻感之间感到焦虑。为了摆脱这种不适，我们选择逃避，自我安慰说一切终将好转，或者寄希望于下个月再着手解决。

　　然而，当我们被现实提醒，意识到回避只会让问题雪上加霜时，可能会感到更加羞耻——这样的提醒可能源自账单的到期，或者在登录银行应用软件向朋友转账时意外发现的透支状况——所以，我们进一步选择逃避。

执着于过去的错误

我们常常让过去的错误来定义自己。执着于那些本可以处理得更妥善的事物，使我们陷入了一个无休止的循环——我们内心深处并不相信还存在其他可能性，因此生活在自己设定的限制之下。

当我们的自我价值感、身份认同与一生中形成的财务出厂设置、我们对金钱的复杂情感发生冲突时，便不难理解，理财之道远比简单的数字运算要来得更为深奥。

第 12 章

我们与金钱的关系

设想一下，你正与某人陷入爱河，而这段亲密关系的历程，竟和你与金钱的纠葛如出一辙。

- 逐渐意识到，期望与现实之间的差距越来越大（支出和储蓄预期、难以兑现的承诺）。
- 不断面临突如其来的风波与挫败（突如其来的账单、难以预料的支出）。
- 感觉仿佛陷入了停滞，周而复始地遵循着过往的轨迹。
- 即便如此，还是得一遍又一遍地重启，许下新的诺言。
- 制订计划（预算），却总是停留在纸面上，未能付诸实践。
- 选择逃避或视而不见。

这样的关系，你能称之为健康吗？事实上，你与金钱的关系正是这般模样。

回首我在管理财务之前的岁月，我对待金钱的态度并不算好，而金钱对我的回报似乎也并不友好。我们就像是那种典型的"分分合合"的怨偶。

当财富不请自来，我却任由它如同从手提包中渗漏的汤汁，悄无声息地从我的生活中流失。我像谈论垃圾一样谈论金钱，说它又麻烦又复杂。我对金钱的态度消极，刻意与之保持距离。虽然嘴上说着渴望金钱，但一旦真的到手，我却未曾用心呵护。我总是设法避开金钱，包括故意远离它常出没的场所——比如银行应用软件，避免去管理、思考它，甚至吝于给予它应有的关注。待到急需钱的时候，我又反过来责备它的缺席。

若是在《爱情岛》（Love Island）中，金钱绝对会在爱之屋环节中抛弃我⊖。说实话，即使如此，我也不会怪它。

将你与金钱的关系视作一种伴侣关系，能够助你以全新的视角审视财务管理。关系是大脑能够深刻理解的概念。你无法左右他人的行为，却能掌控自己在这段关系中的付出。对待金钱亦是如此。你无法掌控一切——从收入水平到特权程度，我们各自在这些方面上的优势与劣势都会影响金钱对我们的作用——但你可以通过培育一种积极的伴侣关系来控制自己的投入程度。

⊖ 《爱情岛》是一个热门的恋爱综艺节目。该综艺节目中包含一个十分关键的环节，名为"Casa Amor"，它是西班牙语中"爱之屋"的意思。在这一环节中，节目组会将情侣分开，引入新嘉宾测试关系忠诚度。若情侣未通过考验，那么可能会失去最终的奖金（冠军组奖金为 5 万英镑）。——译者注

任务

探索你与金钱的关系，以及你们对待彼此的方式。

试着回答这些关于你与金钱如何联系和互动的问题，看看你对将自己和金钱视为一种伴侣关系有什么看法。

- 你如何对待金钱？
- 当金钱来找你时，你会如何应对？
- 当金钱到来时，它会如何支持你？
- 你是如何谈论金钱的？
- 金钱会如何看待你？
- 你是否信守对金钱的承诺？
- 你是否对金钱怀有怨恨？
- 你觉得金钱是如何对待你的？

第 13 章

遇见你内心的反派

当你的创意总监编织你与金钱之间的故事时，你的心中还潜伏着一群反派角色。这些内心的反派，总是伺机而动，寻找一切可能的机会来破坏你的财务状况。遇见这些反派、直面它们，并最终驯服它们，是实现财务自由的关键步骤。将它们从你的自我认知中剥离，有助于解放你因过去理财不当而可能背负的羞耻感。

你内心的这些反派角色，依托于你潜意识中的故事情节，以及现代消费主义和社交媒体文化所制造的喧嚣噪声。当这些反派掌控局面时，你的财务决策便不再是你自己的意志，也不再服务于你的最佳利益。

以下是一些可能潜入并操控你金钱行为的常见反派角色。

重塑生活的查理

查理，这位重塑生活的倡导者，坚信最美好的生活将产生于你下一次点击购买的瞬间。每当你萌生改变习惯或采取积极行动的念头时，查理便会开始他滔滔不绝的演讲，说服你相信，必须立刻投入资金来支撑这一重大的生活变革。查理表现得似乎他真的在关心你的最大福祉——或许他是对的，一个崭新的瑜伽垫和一些运动服确实可能助你持之以恒地练习瑜伽。然而，实际上，查理的目的只是让你陷入困境。

你内心的查理总在你做出宏伟承诺后立刻现身。这些承诺你我都再熟悉不过。"我要参加马拉松！我要开始健身！我要坚持写日记！我要学烹饪！我要自己动手做衣服！"

这些豪言壮语一出，查理便随之而来。你已步入用金钱改变生活的危险区域。突然之间，你发现自己被家庭健身器械、新款运动装、堆积如山的精美笔记本、新颖的厨具、冷门的香料，甚至是那些令人惊叹的面料和图案所吸引，尽管你上一次拿起针线，还是在八年级的手工课上制作了一个简易的零钱包。

重塑形象的玛格丽特

玛格丽特，这位形象重塑的反派，擅长诱使你相信，你可以通过买来的物品构建自己的身份和自信。她让你深信，一套新款时装或一款精心修饰的妆容就能驱散你对自己的所有厌恶，最终让你成为你想成为的人。

玛格丽特总在你自我感觉最为低落时乘虚而入，为了驱散那些负面情绪，她向你展示一系列耀眼的产品，宣称它们能解决你的所有问题。玛格丽特坚信，无论何时何地，你的每一种负面情绪都能找到相应的商品来化解。因此，她将你拖入一个无休止的消费怪圈，试图将你彻底改造为另一个人，而在这个过程中，你会把自己当垃圾一样对待。

如果玛格丽特掌握了主导权，你就可能不断"牺牲"自己的财务规划，去追逐那些你认为能解决眼前困境的下一个目标，每次都需要更强烈的刺激来平息内心的情绪。这种恶性循环让你在遇到心仪之物时感到无力抗拒，仿佛双手被无形的链条束缚。这不仅仅关乎物品本身；还关乎玛格丽特让你沉溺的那种购买感觉，以及你坚信需要弥合的那道鸿沟。

追寻意义的旺达

追寻生活意义的旺达很火辣。她坚持认为，理财之道毫无意义，你应当摒弃那些理性的判断，随心所欲地行事。每当政治家和媒体对年轻一代的经济现状视而不见时，旺达的影响力便越发膨胀。她对世界的现状感到极度失望，并且坚信你对这一切无能为力。

旺达会诱导你通过消费来寻求慰藉，仿佛那些商品是对住房危机、工资停滞不前，以及当权者对全球变暖危机漠不关心的补偿。旺达是一个阴险的反派，因为不幸的是，她的一些论点颇具说服力——这正是她对你的行为产生强烈影响的原因。地球正在我们眼前燃烧。房地产市场已经炒过了头——彻底糊了。我不想粉饰太平，没错，掌握理财之道并不能解决这些令人头疼的问题。

然而，旺达有所隐瞒的是，她的发声并非出自对我们的真心关怀。实际上，旺达正在助纣为虐，加剧对年轻一代的压迫。一些大企业能从我们的权利剥夺感和对自身地位的幻灭感中牟取暴利，旺达正与它们狼狈为奸。旺达不断诱导我们将金钱挥霍在那些我们并不真正渴望或需要的东西上，理由仅仅是我们感到被人遗忘，感到被生活拒之门外——不妨猜猜看，谁是最终的受益者？正是那些向我们推销商品的公司。诚然，我们或许会短暂地感到满足，因为我们拥有了崭新的物品，但长期的利益并不属于我们，而是归于它们。

尽管旺达的一些观点不无道理，例如，抑制在线购物的冲动并不能改变这样的现实——如今，平均房价已是平均工资的10倍，而20年前，这一倍数仅为4倍。但旺达所提供的解决方案并非正途。驯服你内心的旺达或许不能解决所有问题，但能将自主权重新交还给你自己。

盲从的卡拉与爱攀比的康妮

盲从的卡拉与爱攀比的康妮是一对搭档，当她们掌舵时，就会让你根据其他人的行为做出财务决策。她们会诱使你将注意力集中在他人所拥有的财富上，探究这些财富对他们的价值与地位来说所代表的含义，进而说服你相信，为了维护自己的外在形象，必须效仿他们的行为模式。

不论这些参照对象是你身边的人，还是你在网络世界观察到的人物，卡拉和康妮都会确保你将自己的行为与所谓的参照群体进行对比。正如我们在第一部分所探讨的，这种做法可能会使你在追求归属感和得到他人尊重的过程中，支出不断攀升，不自觉地陷入消费旋涡。

仓鼠轮的操纵者哈丽雅特

仓鼠轮的操纵者哈丽雅特是一个狡猾的小妖精，她巧妙地让你相信，幸福可以寄托在那些用钱买来的物品上。虽然金钱确实可以，也应该用于提升生活的愉悦感，但哈丽雅特却诱使你仅通过消费来寻找幸福和满足感，这往往会导致你陷入严峻的经济困境。

当哈丽雅特掌握了你的财务决策时，你就如同踏上了仓鼠的轮盘，不知不觉中，你发现自己几乎停不下花钱的脚步。每当你离开家，金钱就不由自主地从你的指间溜走。你开始意识到生活中的大多数快乐都标有价格标签。当你试图省钱或理智理财，却感到自己受到过于严苛的束缚时，那就是哈丽雅特在掌控你。在这种状态下，你甚至不知道如何在不花钱的情况下度过一个周末。

拖延大师弗兰

拖延大师弗兰坚信，你拥有大把的时间去掌握理财的艺术，她坚信你不应为了遵循预算而自寻烦恼，因为未来的你能够解决这个问题。每当你试图掌控财务状况或因预算压力而感到焦虑时，弗兰会在你耳边轻声细语。甚至在你开始积累储蓄之时，她的身影也会适时出现。弗兰总是能找到理由让你对理财问题视而不见，她乐于把头埋在沙子里，忽略问题，同时也不忘建议你效仿她的做法。

弗兰对自己的问题心知肚明，但为了逃避这种不适，她选择忽略这些想法，并让你相信，其实你目前的状态已经足够好了。弗兰偏爱待在熟悉的舒适区，喜欢保持现状，以此规避财务自信可能带来的未知挑战。

不顾一切的法蒂玛

不顾一切的法蒂玛是个奇怪的家伙。她总是能够说服你，让你相信你会找到某种方法来应对自己行为的后果，所以没有必要担心超出预算或超前消费之类的事情。法蒂玛喜欢说服你花掉你为其他事情预留的资金，或者使用先买后付等服务来即刻获得你想要的东西，然后让你自己收拾残局。法蒂玛推崇不断超出自己能力范围生活，在没有钱的时候就从心理上花掉它，并且相信你能通过预支下一份工资来平衡一切。

破坏者萨姆

破坏者萨姆总在你最意想不到的时候出现。他飘忽不定却又满怀挑衅，一旦你开始调整自己的金钱管理习惯和行为，萨姆便悄然介入，将你的努力一一瓦解。他擅长复述你内心的负面独白，抓住每一个机会让你相信自己不配，如同蛇梯棋般，将你打回起点。

当你对自己抱有不切实际的幻想，或是急功近利，想在财务上迅速追赶以获得自我满足时，破坏者萨姆便找到了可乘之机。他对你的辛勤付出毫无怜悯之心，利用你对稀缺的恐惧，将你推向混乱的深渊，让你徒劳无功。一旦萨姆掌握了主导权，你可能会发现自己与目标渐行渐远，对财务规划的专注与动力逐渐消散，甚至忍不住将辛苦攒下的储蓄挥霍一空，只为寻求那片刻的控制感。

严格控制的蒂娜

严格控制的蒂娜与其他反派略有不同，她的宗旨是不想让你花钱——然而，别急，事情不像表面上看起来的那么简单。蒂娜的内心深处，并未真正将你的最大福祉置于首要位置。

蒂娜对财富的掌控达到了严苛的地步，即便金钱能够带来实质性的帮助，她也难以松开握紧的拳头。她会让你对每一块钱都深思熟虑，哪怕这笔开销能够提升你的生活品质或解决实际问题。即便你已经为特定用途预留了资金，蒂娜也可能突然而至，令你难以割舍手中的现金。在蒂娜的监管下，每一次消

　　○ "蛇梯棋"（a game of snakes and ladders）是一款经典的棋盘游戏。棋盘中的一些格子画有蛇或梯子。玩家通过掷骰子来移动棋子，如果棋子停在梯子的底部，就可以沿着梯子向上爬；如果停在蛇的头部，则需要沿着蛇滑回起点或后退若干格。第一个到达终点的玩家获胜。——编辑注

费都变成了一场煎熬，金钱管理变得异常沉重、拘束，最终让你感觉一切都是徒劳。在蒂娜的眼中，没有任何一笔小钱是不重要的，她总是忧虑着下一件事可能会出错。

对于正在阅读这本书的读者来说，蒂娜的身影或许并不常见，因为她更倾向于与那些被誉为理财高手的人为伍——那些将大部分收入储蓄起来，不找到最低折扣决不轻易买单的人。

然而，识别出蒂娜这位严格的金钱守护者至关重要，因为在你开始积累储蓄并取得初步成果时，她便会悄然现身，使你难以享受到走上理财之道带来的好处。

你心中的那些反派角色都有一个共通之处——他们竭力让你的财务管理之路充满荆棘。尽管他们多数通过诱导你消费而非储蓄来达到目的，但有时，你的创意总监可能会突然改变剧本，让蒂娜登场，让你误以为只有紧紧握住金钱才能获得安全感。

现在，你应该能理解为何掌握主动权是理财艺术的首要法则了吧？在这些反派的操控下，我们几乎无立锥之地！

关键是要认识到，我们可能同时遭受多个反派的影响。众所周知，我们不仅要与那些掌控全局的金钱反派抗争，还要应对来自周遭世界的条件反射训练，以及我们在成长过程中被设定的财务出厂设置。

好消息是，在第三部分，我们将深入探讨如何重新夺回财务控制权，内容既包括学习如何做出明智的消费选择，也涵盖如何与更加美好的财务未来建立情感上的联结。

○ 第三部分

重掌财务主权

我们已经审视了众多令理财之路变得错综复杂的因素，现在，是时候夺回我们的财务控制权了。我们将勇敢面对自己的习惯和信念，重新夺取决策的自主权，摆脱无休止的消费陷阱，主宰我们的经济命运。

掌握财富的秘诀始于驾驭你的习惯。一开始，培养良好的理财习惯仿佛是在走钢丝：每一步都须谨慎，身体摇摇欲坠，时刻担心一不留神便会坠入深渊。这是因为你在挑战旧有的习惯模式。但在接下来的章节中，我将传授你改变行为的策略，这些策略将助你树立信心，找到稳固的立足点。随着时间的推移，随着你不断练习理财之道，积极的理财习惯将逐渐融入你的生活，成为你的第二天性。

第 14 章

重握生活的方向盘

　　理财之道不仅关乎掌控你的财富，更在于主宰你的人生。在这里，我们首先要做的是让感受与行为进行深层次的对话。当我们感受到对金钱的掌控时，我们的行为也会反映出这种能力。为了清晰描绘出掌控金钱的画面和感受，必须从探索我们的自我认同开始。

重塑金钱掌控的自我认知

　　理财之道不仅仅是一种心态，更是一种生活状态，一种内心的自信。对于不同的人而言，这可能有着不同的内涵——本应如此，因为它应当符合你个人的真实情况。然而，理财之道这一概念颇为模糊，可能会让你在理解健康理财习惯时感到些许困惑。这并非简单的"只在此处消费""决不做甲事，坚持做乙事"或"将这部分资金置于此处，那一部分资金放于彼处"的问题。抱歉，我并不偏好那些刻板的规则。但是，从你的自我认同出发，你可以深刻领悟到良好习惯的精髓，接下来我将通过一个与财务无关的例子来阐释这一点。

自去年起，我几乎戒掉了饮酒。偶尔，我仍会品鉴一两杯上乘红酒，因为我确实对红酒情有独钟。我欣赏它的酿造工艺，我喜爱那些酿酒厂，我沉醉于与之相关的美食文化，我喜欢翻阅《美食旅行家》（*Gourmet Traveller*）杂志，我享受食物与红酒的完美搭配——我对它的喜爱是全方位的。实际上，红酒是否含有酒精，于我而言并不重要。如果不含酒精的红酒能提供同样的风味体验，我会非常乐意选择它。但遗憾的是，除了少数几款优质的无酒精起泡酒，市面上不含酒精的红酒实在难以令人满意。

无论如何，关键在于我已经不再是一个酒鬼了。

暂停一下，回顾一下上面那句话。你注意到它的构造方式了吗？它的表述是基于自我认同的。它强调的是我是谁，而非我做了什么或者没做什么。我偶尔小酌一杯的事实，并未实质性地改变我的自我认同，因为我自视为一个基本上不饮酒的人。

当我开始认定自己为一个不饮酒者时，那些与这一认同相符合的习惯便自然而然地凸显出来。起初，我发现在不参与社交活动或家中冰箱没有酒的日子里，避免饮酒是一件轻而易举的事。随后，我意识到，要想成为一个不饮酒或很少饮酒的人，我需要在外出用餐时也坚持选无酒精饮料。在婚礼上，我只喝柠檬水——我必须成为那种即便周围的人都举杯畅饮，也能坚守自我选择的人。我不再设想自己可以在酒后的夜晚打车回家，而是主动承担起送别人回家的司机角色。

当我开始以一个不饮酒者的视角思考时，我对自己真正需要采取的行动有了更为深刻的理解。

这个例子与金钱问题并不完全相同，因为饮酒与否是一个更为明确的选择。但它阐明了一个重要的观点，即转变你的心态可以改变你的行为。

思考那些擅长理财的人会做或不会做的事情，可以帮助你在改变财务习惯上取得深刻的进步。与其专注于你正在花费或节省的钱，不如思考擅长理财的人所具有的目的和觉知水平。

擅长理财的人会在排队购买他们 5 秒前看到的东西时，明知道这并不符合他们的最佳利益而感到内心的抗拒，却因为太兴奋而不管不顾，取出储蓄花掉吗？

不会。

再次强调，这与他们购买的东西或花费的金额无关，而是挑战行为背后的故事。

一个擅长理财的人是否会选择每周为下个月预留 100 美元，以便届时能够购买心仪商品，进而实现以下目标：①确保开支的有序规划；②给予自己充分的思考时间，确保这笔消费确实物有所值，避免冲动购物？答案是肯定的。

一个懂得理财的人会在发薪日大手大脚地花钱，仅仅因为当天拿到工资了吗？答案是否定的。

一个擅长理财的人是否依然享受在发薪日与同事共饮的乐趣，同时心里清楚自己的工资会合理分配至整个工资发放周期？答案是肯定的。（在接下来的第四部分，我将教你如何实现这一平衡！）

放手过去，拥抱新生

在重塑自我认同的旅途中，最艰难的一步莫过于舍弃那些曾给予我们安慰的旧有认同。正如我们在第二部分所探讨的，熟悉会带来安慰。而要成为理财高手，就必须找到那个促使我们放下的触发点。

我们的目标并非严苛地限制你的消费去向，然而，你的支出和消费习惯可能需要改变。在这一过程中，你可能会遇到阻力，因为你一直坚信自己的钱都用在了能够带给你快乐和满足感的物品上。

最难以接受的是，我们必须认识到，尽管这些消费确实带来了快乐，但这种快乐是短暂的。我们陷入了消费的怪圈，这不仅剥夺了我们的经济机遇，也限制了我们的情感自由，从而无形中伤害了我们自己。

我通常不太认同"忠言逆耳利于行"的说法，但此刻，我不得不说一些坦率的话：你无法鱼与熊掌兼得。你不能一方面挥霍无度，抱持"不管不顾"的态度，追求"活在当下"（YOLO）的生活方式，另一方面又期望享受到理财得当带来的财务和情感上的益处。

转变理财习惯，往往会让我们觉得错过些什么。我们的注意力立刻转移到这些被认为会失去的东西上：频繁购买的商品，购买带来的那些体验，以及由于金钱管理无序而感受到的虚幻的自由。

与之相反，我鼓励你转而关注你正在收获的东西。理财之道会给你带来哪些益处？你将卸下哪些重担？哪些焦虑会被抚平？你将获得哪些新的机遇？你能否为一直想做、只待资金充足就能实现的事情腾出资金？你是否会减少对意外开支的担忧？你是否会对自己更有信心？你是否会打破不断清理衣橱、捐赠衣物然后又买回更多物品的怪圈？你最终能否做到那些因财务状况不佳而一直未能做成的事情？

举个例子，如果你正在健身，那么只关注每天为此付出的时间可能不会给你带来太多动力。但是，如果你专注于变得更健康以及健康带来的广泛益处，你就能看到更宏伟的愿景。

任务

放手

为了减轻在调整财务行为过程中可能遭遇的内心抗拒，请着手编写一份清单，详细记录理财得当时，生活将如何得到积极改善。将注意力集中在理财能力提升如何为你的生活增添价值，而非剥夺生活乐趣上。这关乎培养宏观思维方式，以及强化你的意志力"肌肉"。

你可以把钱花在任何你想要的东西上

理财之道并不意味着剥夺生活的乐趣，或是不能将金钱投资在美好的事物上。你可以将钱财用于任何你心仪的商品。无限选择，尽在你手。你只需做到两点：保持觉知与目的性。

　　觉知，就是深入理解你的财务现状；明了你的消费如何与这一现状相契合，每一笔购买的背后意味着什么，以及这些选择对你的财务健康有何影响。

　　目的性，则意味着你的行动都带有明确的目标。当你带着目的去消费时，你的行为便会与你的价值观、目标和梦想保持一致。当我们有目的地花钱时，我们很少会为之后悔。这正是关键所在。

　　我们不必放弃追求心爱之物，我们要放弃的是对非必需品的盲目追求。我们的金钱既可用于享受当下，也能作为资源支撑向往的未来生活。但我们必须了解自己，明确自己的价值观，才能与金钱建立积极的关系。请记住，我们可以拥有任何我们渴望的东西，但不是拥有我们渴望的一切。

　　我之所以分享这些，是因为你可能会遇到阻力。这是几乎可以肯定的。

　　健康与不健康的财务行为之间，界限往往相当微妙。两种表面上相似的经历，背后可能有着天差地别的故事。因此，改变财务行为以获得更好的财务成果，并非如拨动开关那样简单。这需要反思、自信、勇于尝试，有时甚至需要经历失败——而这一切，都是成长过程中完全可以接受的。

相同的行为，不同的背景故事

　　示例：买一件你在网上看到的衬衫，见表 14-1。

表 14-1

成为理财高手之前	成为理财高手之后
你本不应随意挥霍，只因你已决心要削减开支。然而，当你最喜欢的网红发布了一条新动态，你忍不住点击了其中一个链接，因为那件衬衫穿在她身上实在迷人，你希望自己也能像这样	当你浏览着社交媒体，目光落在你最喜欢的网红分享的一堆"战利品"上，其中一件衬衫格外吸引了你的注意。你审视着自己对这件衬衫的喜爱之处，深思为何会对它如此渴望。你反问自己，这只是一时的"新奇物品综合征"作祟，还是这件商品真的能够为你的衣橱带来实质性的提升
你顿时感到一阵羞耻，因为你知道自己应该节约开支，却又考虑购买这件衬衫。你试图说服自己并不需要它，但你的思绪却无法停止徘徊。你在努力编造理由，内心的羞耻感却不断加深。你多么希望从未见过这件衬衫，那样你就不会受到诱惑，想要消费	你思考了几天，明白如果这件衬衫售罄，也不会是世界末日——如果你真的想要，总能找到类似的选择。经过深思熟虑，你认定它确实是衣橱里衣物的绝佳补充，它能够与多种服饰搭配，而且是用你钟爱的面料制成。你知道它会非常适合你，也知道它会非常合身
你试图将它抛在脑后，但又过了一会儿，你还是回到了那个网站，将衬衫连同其他三件商品一起加入了购物车，完成了下单，决定下周再重新开始储蓄	你已经存好了用于放纵消费的储蓄，虽然你在考虑购买新的洗护产品，但最终你决定先用完手头的洗护存货，然后购买那件衬衫
由于你已经大大超越了原定目标，所以这个周末你的花费也超出了平常。你希望在周一重新开始理财计划之前，将这些消费冲动彻底释放	你下单购买了那件衬衫，并选择支付 3.95 美元的运费，并且没有为了免运费而购买更多不需要的物品，因为那样会进一步消耗你的储蓄，这并不符合你的计划

　　在以上两种场景中，你都购买了一件衣服，但在"成为理财高手之前"的情况里，你几乎没有觉知到财务后果，行动也缺乏明确的目的。你陷入了抵触，只想摆脱困境。而在"成为理财高手之后"的情况中，你清晰地觉知到自己的财务状况以及购买行为背后的意义，你的衣柜中因此增添了一件经过深思熟虑的物品，考虑时间超过 15 秒。你没有将幸福寄托于拥有这件衬衫，而是通过接受"一旦售罄，必有他物"的现实，平衡了这种购物体验。

　　那么，在继续前行之前，我们能否达成共识：从今往后，你将主宰自己的金钱习惯？不再是金钱驾驭你，而是你掌控金钱。

　　准备好了吗？

　　我真心为你的这一转变感到欣喜。

第 15 章

财务觉知

　　夺回财务控制权的起点，在于一个关键步骤：获得财务觉知。觉知是所有变革的起点，因为简而言之，你无法改变一个你尚未发现的问题。

　　获得财务觉知，就是下定决心睁开眼睛审视你的金钱。它在如何流动，它将去向何方，你的消费模式又是怎样的？在这一阶段，你发现了什么并非关键，关键在于你开始观察。审视你的资金去向，检视你的银行账户余额，观察你的收入，看看你的收入如何在生活的各个领域分配，审视你自己的习惯、行为和情绪反应。

　　我们将从习惯和行为入手，探索你管理财务时给自己制造障碍的一些方式。

　　习惯是我们不断重复的行为。它们可能是积极的，也可能是消极的——这并不重要。关键在于，一旦我们重复这些行为，它们就会成为习惯。重要的是认识到，我们可能并未觉知自己已经养成了某些习惯，觉知之后，我们就能打破持续这些习惯的循环，重新引导我们的行为。

　　首先，我们将审视那些我们都不陌生、有时会不经意做出的典型破坏性行为。接着，我们将采取一些实际行动，观察接下来会发生什么——我们的银行账户和交易将如何变化。

行为审视

　　行为审视的宗旨在于识别哪些习惯和模式在财务上拖了你的后腿，这样你就能在了解这些问题的前提下，遵循本书中的指导。关于金钱的有趣之处在于，某种程度上，我们内心清楚应该做什么。我们有一种直觉，能够分辨什么是"好"的财务行为，什么是"坏"的财务表现——难点在于如何让自身的行为与这些认识保持一致。

　　通常来说，那些不利于理财的行为，就是损害我们财务利益的行为。请你在表 15-1 的"财务自我破坏行为 BINGO 卡"上，圈出你认为与自己相符的行为。

　　你有 BINGO 卡吗？坦白说，若是在几年前，我肯定会在多个方格上画圈，甚至直到今天，我仍在某些方面"拔得头筹"。是的，哪怕是现在的我也未能幸免。（我们将在第五部分深入探讨如何放下对财务完美主义的执着。）

　　既然你已经对那些可能拖累你的行为有了初步的认识，那么是时候深入挖掘这些行为了。我将带你分析其中的一些关键主题，帮助你更清晰地理解背后的原因，这样我们就能一起努力打破这些不良循环，助你走上财务自由之路。

表　15-1

说"无所谓",然后用信用卡购买某物	从储蓄中取出资金来应对意外支出	因情绪冲动而从储蓄中取出资金用于购物
设定预算,第一天感到充满自信和动力,然后就放弃了	在感到生活中的目标难以实现时,花掉原本可以存下来的钱	在一段时间的节制后,进行一次无节制的消费
超出预算后,说"无所谓",然后继续无节制地消费	在下次发薪日之前,心理上已经提前花掉了钱	通过从储蓄中取钱并承诺偿还(但从未兑现)来向自己借钱
制订宏伟的目标,然后轻易放弃	因为害怕看到账户里的数字而避免查看银行账户	账户里一有闲钱,就想尽办法花掉
设定随意且不切实际的高额存款(例如50 000美元),并在没有迅速达到目标时放弃	出门后,不经意间就花费了132美元	支付账单或还清一些债务后,立即考虑可以买什么来奖励自己这一理智行为

为什么我们制订了预算却往往无法遵守

简短的回答是:因为我们的大脑错误地认为,制订计划本身就能带来改变,却忽略了实际执行计划的重要性。你是否也有这样的感觉?

别担心,你并不孤单。这种现象实际上是人类大脑的一种常见错误。事实上,即使是那些聘请了高级顾问来帮助自己转型的公司，也很少会真正采纳并执行顾问的建议。正是这种思维模式阻止了我们遵循预算计划。

　　答案虽然复杂，但可以归结为两点：首先，人类倾向于规划改变，而不是真正去执行这些计划；其次，我们的财务决策常常受到一种令人不快的情绪影响。

　　当我们坐下来规划预算时，通常会被一种人为的动机所驱使——你知道，那是一种只有在实际无须采取任何行动时才会出现的特殊动力。你独自想象着，第二天醒来，你会突然变得自律、理性。天哪，我讨厌那种感觉。

　　那种人为的动机使我们以幻想中的自我行动——一个理性、健康、精明理财、热爱运动、平静、无焦虑的人，他只存在于明天，而永远不会出现在今天。当我们与幻想中的自我相处时，就设计出一种幻想中的生活。我们坐下来，看着收入进来，看着开支流出（通常遗漏了一部分），然后用剩下的钱制订宏伟计划。

　　我清楚记得，自己曾一遍又一遍地重复这个过程。有这么一段特别的记忆，我坐在床上，在记事本上潦草地写下"预算"两字，想象着下一次发薪时一切都会变得大不一样，我会好好存钱，通过用商店赊账购卡买衣服，只吃罐装意大利面，出去玩儿一晚上也只花费 20 美元。下一秒：我在大学咖啡馆吃了一根法棍面包，晚上出门还没开始喝酒，就花掉了 40 美元。

　　这不仅是在财务上的徒劳——我的意思是，在消费出问题之后草草写下危机管理计划，没有人能据此获得财务信心，对吧？但这对我们的心态来说却是绝对的毒药。不断在行为发生之后尝试纠正，亡羊补牢一般仓促设立反应性的预算，会导致我们陷入财务焦虑，并在我们与自己的关系中留下重大的凹痕。当我们总想达到第一部分所提到的无法企及的标准时，也会经历同样的过程。

因此，有许多因素导致我们制订预算而无法坚持。这些因素包括预算完全不切实际，专注于做计划而不重视实施，以及以一种被动的"补救"心态，而非积极、有意识和有掌控力的心态来设置预算，前者使我们在做预算时陷入混乱。

为什么我们经常将资金存入储蓄账户，然后又忍不住取出来

简短的答案：因为我们正在让自己走向失败。我们可能存下了过多的资金，而没有给自己足够的空间去享受生活。想要追上他人步伐的欲望可能会导致我们高估自己的能力，过度节省了本应用于其他必要支出的资金。

我们也可能误解了我们的生活成本，或者对习以为常的支出毫无了解，或者完全失去了存钱的原动力，这使得我们更容易受到情绪驱动的行为影响。

详细的答案：可能有许多原因，通常是几个因素同时起作用。让我们更深入地探讨这些原因。

情绪问题

从储蓄中提款时，我们面临的最严峻挑战之一是情绪问题。我们习惯了用消费来调节情绪，因此往往会在面对任何问

题时，不自觉地从储蓄中取钱来寻求慰藉。在这种情境下，与其说你是在提取储蓄，不如说你在进行一次情绪化的消费——你的储蓄账户不过是实现这一目的的工具。

规划问题

如果预算和计划不够周密，就可能会遭遇我称为"预算香蕉皮"的问题——一些看似微不足道的小失误可能会阻碍我们的财务进程，分散我们的注意力。不过，这类问题可以通过更加严谨的规划和组织来克服。

这种情况在生活中屡见不鲜，比如我们突然记起朋友的生日就在下周，却还没来得及购买礼物。或者，我们可能忽视即将到来的小长假，误以为自己会宅在家中无所事事，从而据此制订预算。最终，我们不可避免地会外出寻找乐趣。我这里使用"不可避免"一词可能稍显轻率，因为老实说，就我本人而言，外出寻乐一般都不是不可避免的！但是，嘿，不妨假设，你比我拥有更多丰富多彩的生活。

数学问题

有时候，我们可能会算错可以储蓄的金额，以至于不得不在存钱之后，又重新取出来，应对那些无法避免的开销。这种情况往往发生在我们计算需求和欲望，但忽略了那些金额不确定的可变成本时。

显而易见，房租很可能构成了你每周或每月固定支出的金额，但我们可能轻视了电费、汽油费或日用品等可变成本。

优先级问题

有时，问题并没有那么深刻（我很少这么说，因为在我眼中，事事皆有其深意。这种观点或许在本书后续内容中不会再出现）。

然而，事实确实如此。有时候，这与情绪无关，我们只是以一种平和的心态，将金钱花在我们喜爱的事物上，享受了一段美好的时光。或许是社交活动频繁的时期，或许是朋友们纷纷迈入 30 岁或步入婚姻殿堂的那一年，又或许是接连不断的庆祝活动，让你像没有明天一样尽情挥霍。在这些情况下，问题通常出在优先级的规划上。有时，我们做储蓄计划时未能考虑到，为了适应生活本身的变化，我们的财务规划有必要做出相应调整。

有效的资金管理关键在于优先级的设定。我们必须认识到，我们无法总是得到所渴望的一切。

焦点问题

如果你觉得自己所面临的不像是情绪、规划、数学或优先级的问题，那么，这很可能是一个焦点问题。有效的资金管理不仅需要焦点和方向，还需要你清楚自己这样做的动机，而不仅仅是知道"应该"这么做。

如果你不清楚自己的储蓄目的，就可能会失去焦点，进而影响保持理想财务行为的能力。将你的储蓄分割成不同的部分往往能够提供帮助，这样在使用储蓄时，你就能更清晰地认识到自己正在动用哪一部分资金——这次取款是否意味着你需要将假期推迟一个月？是否意味着你无法承担预约的心仪发型师的美发费用？我们将在本书的第四部分深入探讨这一议题。

动机问题

　　缺乏内在动机，往往导致我们难以积累财富。内在动机是一种让我们感到与所从事活动紧密相连的力量，它源自活动本身的过程，而非仅仅关乎外在的奖励。我们的动机可能最初是强烈的，但很快就会消逝，也可能从一开始就不存在。持久的动机是培养积极财务习惯的关键要素，它直接影响其他多个方面。强烈的内在动机能够成为对抗情绪化消费的良药，它有助于提升我们的聚焦能力，并推动我们解决优先级问题。

从储蓄中取款的问题

　　从储蓄账户中取款的行为，无疑是"理财远非简单的数学运算"这一观点的最佳例证之一。设想一下，月底时你成功存下了 100 美元。表 15-2 是存下这笔钱的两种不同方式。

表　15-2

场景 A	场景 B
月初，你精心规划，预留了 100 美元作为储备，将剩余的款项安排得井井有条，以应对本月的各项开销。你将这 100 美元单独存放，随着月底的到来，你的理财计划完美收官	月初，你雄心勃勃，一下子存下了 300 美元。但这个月的生活略显混乱，你没有控制住自己，在 4 个不同的场合各自取出了 50 美元以满足消费需求。当月底到来时，你最终只存下了 100 美元

（续）

场景 A	场景 B
你的感受：对自己的财务有着绝对的掌控力，你信心满满，相信下个月还能继续保持这种积极的理财势头，你正在尽自己最大的努力，在现有的条件下智慧地管理你的财富	你的感受：仿佛背叛了自己的储蓄计划4次，感觉金钱从你的指尖溜走，你无法紧握。你感到自己未能达标，内心充满了羞愧、后悔、迷茫、压力和焦虑，各种负面情绪交织在一起

　　储蓄的方式，即便不比账户中的存款金额更重要，也相差无几。从数字上看，结果或许一致；然而，在财务健康的视角下，某种选择显然更为优越。场景 A 带给你的那种满足感表明，你已准备好无数次地重复同样的行为，你正享受着坚持理财计划所带来的自信，同时塑造了一种既能促进积极财务行为又能享受当下生活的方式。

　　相反，场景 B 带给你的负面情绪可能会进一步加剧财务上的混乱，削弱你对自身坚持力的信心，并陷入一种破坏性的行为循环。这些行为或许能短暂缓解你当下的心理不适，但长远来看，你将为这些行为付出情感和经济上的沉重代价。

有时候（天哪），真的该动用我们的储蓄了

　　将储蓄错用于不当之处，这是我们许多人都经历过的境遇——你知道，出于各种各样的原因，我们不得不取出存款。然而，如果我们能完全按照合理的方式来使用储蓄呢？

　　我在行为金融学领域耕耘多年，并在社交媒体上与受众互动频繁，在这一过程中，我深刻体会到了一件事：我

们对花掉储蓄有着强烈的抵触情绪。即便我们天生就是消费者，我们依然对此感到厌恶。即使我们一直在为某个特定的商品存钱，而现在该下单购买它了，我们仍然感到厌恶。即使我们的储蓄就是为了应对紧急情况，而这一紧急情况已经发生，我们仍然感到厌恶。

我们中的许多人多年来一直生活在没有财务安全网的环境中，没有为轮胎爆胎或手机损坏等意外事件储备资金。当这些事情发生时，我们感到焦虑和压力，多么希望我们有储蓄来应对这些紧急需求。

然而，即便我们确实为这些紧急情况预留了储蓄，我们仍旧不愿意动用它们。原因很简单：我们还没有在情感上放弃这笔钱。

将钱存起来购买某物，需要我们在情感上和理智上都将这笔钱划归为特定用途。如果我们暗中将储蓄视为心理上的度假基金，或者我们在做购买决策时总是在心理上依赖我们为紧急情况预留的那 10 000 美元，那么我们就没有在情感上真正放弃这笔钱。

为何我设定了财务目标，却最终选择了放弃

在财务自我破坏的行为模式中，另一个普遍的现象是设定了目标，随后却在短短几天、几周或数月内，便放弃了既定计划。这背后可能有无数的理由，每一个都在不同程度上与我们

个人紧密相连。但它们的核心相似之处在于，我们对实现目标的动力或是与目标之间的联系正在逐渐减弱。

以下是对这一现象背后可能发生情况的几点解释。

成功自我破坏行为。 当我们努力追求财务目标，并开始逐步接近它时，有时我们会发现自己对这种新的状态感到不安。（还记得那些根深蒂固的财务出厂设置吗？）如果达成新目标意味着要走出自己的财务舒适区，我们可能会在潜意识中破坏自己的进展，以便继续留在熟悉的领域。例如，假设你一直梦想去旅行，却从未积攒足够的资金来实现这个愿望，对成功的自我破坏可能会让你将旅行基金挥霍在其他事物上，因为你潜意识里害怕成为一个能够抽出时间探索世界的人，这可能意味着你的自我认同发生重大改变。

权利剥夺感自我破坏行为。 当我们设定的目标过于宏伟，感觉自己与目标之间的距离很远（无论是实际距离还是心理距离），这种现象便会出现。这在为购房首付款等大目标储蓄时尤为明显，因为对于我们这一代人来说，房地产市场异常严峻。如果在朝着目标努力的同时，我们不断被房价上涨30%的负面新闻所冲击，这种权利剥夺感可能会让我们为了缓解心理压力而放弃眼下的发展。

断裂自我破坏行为。 多年来，我始终致力于让财务状况重回正轨，但在这一过程中，我犯了一个常见的错误：基于胡乱选定的数字来随意制订储蓄目标。我会武断地选择一个数字，比如10 000美元，并下定决心要存下这笔钱，因为这会让我感觉自己不那么糟糕。这种做法实际上是在"弥补"我的财务失误，仿佛这样就能证明我擅长理财。这是我们设定目标时常见的误区——我们仅仅是为了缓解眼前的焦虑而选择关注某些事情，而没有真正思考什么才能长期改善现状。这实际上是一种逃避行为，用来假装我们正在采取行动。相反，我们应该直面引发我们感受的根本原因（比如财务行为），并且一小步一小步地完成那些微小的进步。例如，我们应该专注于改善消费习惯，逐步积累起 250 美元的储蓄，而不是急于求成地直接瞄准 10 000 美元的目标。

为何一次失误会演变成财务上的自我破坏

在财务自我破坏的行为列表中，另一个屡见不鲜的例子是，犯下第一个错误，然后因觉得"现在一切都完蛋了"而陷入后续的一百万个错误。这曾是我面临的最大难题之一。我因这种认知偏差而屡次被自己的大脑所欺骗——有趣的是，这种模式几乎出现在我们尝试改变任何习惯的过程中。

- 锻炼计划中断了一两日，我们便轻率地放弃了整个星期的计划。
- 立志践行"禁酒七月份"计划，却在第一周喝了一杯酒，于是整个月的自律随之瓦解，我们索性开怀畅饮（如果不是因为这种自我破坏，那额外的酒本不会入喉）。
- 某一天早晨闹钟响起时，迷迷糊糊把它按掉，没有起床，导致我们取消了一整周的晨间活动新计划。
- 在连续冥想挑战中缺席一日，我们可能就此放弃箱式呼吸法练习三至四个月之久。

在金钱方面，这可能表现为一时冲动购买了一件商品，然后决定下个月再重新开始好好理财。或者突然遇到一笔意外开支，然后认为这意味着你不妨放弃预算这种麻烦事。或者从储蓄中取一次钱，并因此接二连三给自己找借口"预支自己的钱"，你向自己承诺，下次发薪日一定会补上亏空……后来却渐渐忘记了。

这种螺旋式发展可能受到以下几个因素影响。

- 财务完美主义。确实，如果你在生活的其他领域追求完美，这种倾向也会渗透到你的财务管理中。记住，不要让完美主义阻碍了你的进步。
- 对理财之道的误解。你的理财能力，并非由不犯错决定，而是由你应对这些错误的方式塑造。能够识别并及时调整自己的方向是一种非凡的技能，它远比自欺欺人地认为自己不会再犯错误要明智得多。
- 短暂成功后的放纵。如果一次失误引发了一系列反应，导致我们回到原点（甚至更糟），这可能是因为我们为自己设定的初始条件或标准过于苛刻，或者没有充分考虑自己的生活方式、人格或日常习惯。
- 舒适区的反弹。别忘了，我们的大脑天生偏好熟悉的环境。当我们试图培养新习惯却感到难以坚持时，往往会首选逃回那个我们熟知的地方，尽管那里也并非真正的舒适之地。

维持现状自有其独特的诱惑力。

审计你的自我破坏行为

看了上面的内容，你应该能一眼识别出哪些财务自我破坏行为与自己相符，或许在阅读时你会不由自主地频频点头，或者心中惊叹"天哪，这不就是我吗"。嘿，或许你还会将阅读内容拍照分享到社交媒体，告诉大家这本书是如何精准地与你产生共鸣？或许吧。我只是随便说说啦。只是暗示一下啦，朝你挤挤眼。没有给你施加压力的意思，但如果你真的这样做了，我会非常开心。

本书旨在提醒你关注自己的那些奇特的理财行为。这样，在你采纳新的理财之道生态系统时（我们将在第四部分探讨），你就能记起这些行为。了解自己的行为模式是培养积极理财习惯的绝佳途径之一，因为你可以构建一个系统来应对那些明知自己难以做到的事情。

任务

在上文探讨的这些自我破坏行为中，你发现在自己与财务的关系中，存在哪些对应的行为？请记录下你经历这些行为模式的一些记忆，详细描述当时你试图达成的目标、结果如何，以及事后的感受。

洞察自身行为：专注集中期

当他人向我们阐述特定的财务行为或坦承自己的金钱管理怪癖时，我们往往能找到共鸣。然而，要清晰地识别出哪种行为周期真正适用于我们，通常需要付出更多努力。

　　一种有效的方法是，通过设定一段专注和自我觉知的特别时期，在几天或一周内将你的消费削减到最低限度。

　　"零消费挑战"常常遭受诸多批评，因其与流行的节食法有着相似之处。批评者认为，严格限制所有开支，并不会带来长期的财务改善，反而可能在限制结束后引发报复性的消费狂潮，最终并无实质改善。我完全赞同这一看法。如果你希望通过零消费挑战来修复财务问题，尤其是如果你这样做是为了在一段失控的消费之后弥补损失，那么很可能会发生上述情形。因此，改变财务行为可能需要一种更为长期的可持续策略。

　　然而，这并不代表零消费挑战不能作为一项诊断工具。如果我们能在为期一周的时间里，将消费缩减至仅满足基本需求，目的是观察我们的行为模式和习惯性冲动，有助于深入洞察自己的行为习惯，借此培养更加健康的财务习惯。

　　有效与有害的零消费挑战之间的关键区别在于各自背后的意图。类似于某些流行的节食法，有害的零消费挑战通常以自我惩罚为出发点，追求短期内的快速成效，而缺乏实现长期改变的真正意图，或者只是在以一种不切实际的方式追求完美。这样的挑战往往伴随着过高的期望和强烈的动力，但很快便会消耗殆尽。

　　相反，健康的零消费挑战拥有一个明确而合理的宗旨：增强自我觉知。在这段挑战期间，你可能会察觉到自己购物的频繁程度，可能会发现未曾留意的习惯性消费，可能会注意到日常生活中有多少消费的机会，还可能会意识到哪些因素促使你超出常规地消费。这些信息都很宝贵，能够为你未来的成功奠定基础。进步不会在零消费挑战期间自然而然地发生，而会在你应用所获得的信息时逐渐显现。

除此之外，健康的零消费挑战还可能有其他用途，比如为当下的享受留出额外资金，比如可以在假期前的一周实施。度假出行前，我会大幅减少前一周的开支，这样一来，我便能为假期期间的额外娱乐活动腾出那一周的消费预算。

不买衣服的一年

2022 年末，我立下誓言，决心在接下来的整整一年里，对买衣服说"不"。如今，当我提笔撰写此文时，我已坚守这一承诺约 8 个月之久。这段时间，我对自己的消费习惯有了更深刻的认识，这是一次宝贵的自我重塑。

服装曾是我消费的软肋，是我财务问题的症结所在。在尚未精通理财之道时，我多次因购买服装而做出损害财务的自我破坏行为。虽然我的整体消费状况已有所改善，但对买衣服这一方面仍不太满意。我不再挥霍无度，也不再频繁动用储蓄，以免造成财务动荡，但漂亮衣服仍能轻易让我失去财务理智。若我做出不当的财务决策，服装往往是背后的推手。因此，我决定用一年的时间，重塑我与服装消费的关系，并在这一过程中存下一笔储蓄。

在服装购买方面，我对自己消费习惯的深刻洞察包括以下几点。

- 许多购买服装的冲动，实则源于我的懒惰。我往往懒得对现有衣服进行创意搭配，也懒得尝试新的穿着方式。对我而言，买新衣服似乎更加简单轻松。

- 社交媒体常常让我在毫无防备的情况下受到诱惑，上一秒根本没想过消费，下一秒就盘算好下单了。这一现象表明，当我们能够轻松地看到心仪之物并在几秒内点击链接完成购买时，消费决策的速度会被大幅提升。

- 多年来，我买了那么多衣服，实质上是在试图变成另一个人。然而，在停止购买衣服的这一年里，我真正找到了自己的风格，发现了我所喜爱的衣服（更重要的是，发现了我喜爱它们的深层原因），并将注意力转向了穿着自在的感觉，而非一味追求某种外在的风格标签。

- 我购买衣服的行为背后，隐藏着一种被别人精心构建的幻想——成为一个外表光鲜的酷女孩——我的大脑给服装赋予了过多的意义和象征。

- 除了消费，世上还有许多真实的乐趣——只是当它们未被精心陈列或未打上八折标签时，看起来就不那么耀眼了。

- 学会对这些事情说"不"产生的力量无比强大。面对诱惑的涌现，能够毅然决然地选择放手，给我带来了内心的平静，这种平静对我全面审视自己的消费模式产生了变革性的影响。

这一切的转折点在于，我看穿了自己的大脑如何试图操纵我的行为。这让我睁开了双眼，看透了我为购物所编织的种种故事，以及我在渴望购物时寻找的那些借口。

走向实践

财务觉知带来的影响远比听起来更大。当你选择觉知，你与金钱的关系便会自然而然地得到改善。为什么呢？因为这种心态的转变，让你感觉到是你在掌控金钱，而非金钱在掌控你。尽管承担起自己的钱花在哪里的责任可能会让人感到具有挑战性，但这也是一种自我赋能的过程，因为它将财务的掌控权重新交还给你。当你真正了解目前的状况时，就有了做出改变的力量。如果你对自己的状况一无所知，那么任何事情都不会有所改变。

CJI 框架

那么，现在就开始吧？我们一起审视你的银行对账单，或者，如果你更习惯于线上操作，那就让我们来看看你的网上银行交易记录。准备好荧光笔，或者打开文档或表格软件，或是拿出你的日记本，无论你偏好哪种方式，我们都可以一同深入探究——是的，我已经为此准备了一个框架，我将其称为 CJI 框架：分类（categorisation）、快乐（joy）、目的性（intentionality）。

分类

首先，我想请你做的就是审视并分类你的交易记录。用一种醒目的颜色标出你的必要支出，用另一种颜色来着重标出你的非必要支出。若你对某笔交易的具体用途感到不确定（即便是理财高手也难免会遇到这种情况，不用多想），可以选择留白，或者使用第三种颜色进行标记。

有些交易很容易被判断为属于必要还是非必要，但有些交易可能比较难以分类。为了简化这个过程，我们可以这样理解：必要支出是指那些不是你主动选择的花费，而非必要支出则是你可以选择放弃的花费。例如，孩子的体育活动虽然不是生存必需的，但你并不会因此取消这项支出。这类费用同样可以被视为必要支出。

接下来，让我们深入审视这些非必要支出，并对它们进行更细致的分类。你可以根据自己的消费习惯来设定分类，以下是一些常见的类别，可供参考。

- 娱乐
- 订阅服务
- 教育
- 服饰
- 美容护理
- 个人保健
- 体育运动与休闲活动
- 社交聚会或公共活动
- 礼品赠送
- 外出用餐及外卖
- 孩童服饰
- 孩童玩具、游戏、小零食
- 酒类

通过对支出进行分类，你将能够清晰地看到自己的资金流向，以及哪些领域的支出最为突出。好消息是，仅仅是掌握这些信息，你的理财能力就能比 10 分钟前有显著的提升——绝对没错！就是这样！我们都喜欢迅速看到成果。

快乐指数排序

接下来，细致审视每一笔非必要支出，并对它们进行评分（满分为 10 分），以评估这些消费为你的生活带来的快乐指数或你从中获得的价值。

此举旨在绘制一张快乐图，揭示你的金钱投入与价值之间的关联。若你的评分普遍偏低，表明这些支出并未为你带来预期的快乐。

在此过程中，我鼓励你进行深入的批判性思考。或许你认为自己花费 70 美元在 Cotton On 品牌店购买的新衣让你感到无比快乐，因为初次试穿新装时让你兴奋不已，但请深思，这种快乐是源自真实、持久且符合你价值观的满足感，还是仅仅源自在工作压力下的短暂多巴胺刺激。

目的性审视

现在，我邀请你再次审视你的交易记录，并将每一笔交易分类为有目的的消费或被动发生的消费。有目的支出是理财策略中不可或缺的一环，而我们理财失误时，往往缺失的正是这种目的性。

有目的支出是指那些你经过深思熟虑、精心规划，事后不会感到后悔，也不会以任何方式损害你财务状况的交易。

被动支出则是指那些"偶然发生"的交易。比如，你下班后出去小酌一杯，随后又不由自主地继续畅饮，最终打车回家，第二天又忍不住吃起了麦当劳。我并不是说这种被动的财务行为本身很糟糕——偶尔发生也是人之常情。但理财之道意味着我们应该更倾向于有目的支出。

回顾与反思

接下来的部分更侧重于自我引导，因为它取决于你的个人发现。但我希望你能够抽出时间，回顾并反思你的观察结果。

- 你是否注意到了自己的消费模式？
- 你的最高消费类别是什么？
- 你的最低消费类别是什么？
- 你发现有目的支出和无目的支出有什么区别？
- 你的快乐图是什么样子的？

金钱泄漏之谜

设想一下这样的场景。你忙碌了一整天，偶遇了一个朋友，还在购物网站上抢到了一副特价太阳眼镜。你心里盘算着："嗯，我在药店花了 27 美元，午餐用掉了 40 美元，太阳镜特价只要 39 美元，总共大概 100 美元，那我账户里应该还剩 200 美元。"然而，当你查看银行账户时，却发现只剩下区区 47 美元在跟你大眼瞪小眼。

这怎么可能？！

你首先想到的可能是：被盗刷了。一定是有人盗用了我的银行卡。但当你迅速翻阅交易记录时，你惊讶地发现自己并没有成为被盗刷银行卡的受害者。而这，竟然让你感到一丝失望。因为真相更加令人沮丧——是你自己不知不觉中"偷走"了自己的钱。

有趣的是，我曾有过这样的经历：我打电话给银行，坚称有人未经我同意，从我的卡上刷走了 74.99 美元。因为那天我生病在家，一步都没出门，绝对不可能消费。然而，话说到一半，我突然想起，我在线订购了一双旱冰鞋。那一刻，我感到可怕极了。

这些令人心惊肉跳的经历，正是金钱泄漏的典型表现。金钱泄漏，意味着金钱在不知不觉中从你的钱包里悄悄流失。这种泄漏可能是微不足道的小额支出——比如一次外卖订单或视频网站的会员订阅——在长时间内逐渐累积；也可能是短时间内的大额支出，比如一个周末的狂欢，你在周六早上愉快地出门，到周日晚上却破产了。

金钱泄漏现象堪称一则生动的案例，揭示了即便在金额上相同，不同行为带来的情感体验却截然不同。当我们有目的地花费 200 美元时，感觉很好；然而，当我们泄漏了 200 美元时，感觉却很糟糕。我们可能会觉得自己被欺骗，感到震惊、困惑，甚至还会感到羞愧。金钱泄漏往往源于目的性的缺失或觉知的不足，它可能标志着一种被动的资金管理方式：放任我们的默认出厂设置自动运行，而不加以适当的干预和审视。

金钱泄漏的试金石

想要测试自己的资金是否泄漏，有一个简便的方法：挑选一种消费类型，估算过去一个月中你在这一项上的花费，或是你在这一类别上投入的次数。接着，对照你的交易记录来验证这一估算。如果实际支出超出了你的预估，那么很显然，一定有某个环节出现了金钱泄漏。

我观察到的最常见的金钱泄漏场景之一就是超市购物。它属于"充值"购物的范畴（你以为自己只是每周或每两周去购物一次，却每次都不自觉地购买了大量额外商品），超市购物造成的资金流失，对你的可支配收入和对金钱的感受有着深远的影响。

我曾在 Instagram 上发起过一个试金石测试，邀请大家估算，过去一个月内他们光顾超市的次数。随后，他们需要核对自己的银行对账单，计算超市交易的实际次数。结果令人瞠目结舌，人们报告的猜测数字与实际光顾次数之间差距巨大。有些保守者估计自己每周去 1 次（即每月 4 次），实际上他们的访问频率是预估的两倍。还有些人估计自己一个月去了 7 次，包括他们记得的几次充值购物，最终却发现他们竟然去了 32 次！

识别金钱泄漏点是发现我们行为中的盲点，以及生活中潜在财富的简单途径。通常，涉及看似"无害"的消费，或者你认为能够掌控的支出时，金钱泄漏最容易发生。这是因为在这些时候，你的防备心会降低，更容易受到诱惑，尤其是面对半价促销的美味零食时，说"不"实在非常困难！

　　发现金钱泄漏、低快乐消费和无目的交易，能为我们打开一扇机遇之门，即可实现我所提倡的"低牺牲、高回报的储蓄"策略。在这些领域，你都有机会削减开销，而不会对生活品质造成实质性的影响。毕竟，这些消费在一开始并不构成你生活的一部分，因此，将它们从你的日常开支中剔除，不仅能够帮你积攒资金，而且不会让你错失任何真正的机会。

　　最初开始探索理财之道时，这些问题让我眼界大开。了解到我的资金流向对我的财务行为产生了深远的影响，让我感到惊讶。而最令我震惊的是，我原本自信满满，以为自己非常清楚金钱的去向，事实却并非如此。

　　我们常常对自己的理财能力过于自信。我们自以为掌握着每一分钱的动向，高估自己过去财务决策的合理性。静下心来，深入分析我们的交易记录，这种做法本身就能带来深刻的启示。

　　之前讨论的那个案例——估算自己的支出，却在银行余额远低于预期时感到震惊——充分暴露了我们对自己资金去向认知的过度自信。在这个充满诱惑的环境中，从水到咖啡、记事本，再到品牌店收银台那些诱人的小玩意儿，密切关注我们的资金流向显得尤为重要。

第 16 章

直面有害的财务观念

为了夺回财务自主权,彻底告别过往,迈向理财高手之路,我们必须直面在第二部分中提及的那些有关金钱的负面信念。我们对金钱的感受在很大程度上决定了我们的财务行为,而认识到我们的信念如何塑造财务现状,对于开拓新的理财之道至关重要。

25 岁时,我开始反思自己如何在没有储蓄、对财务管理一窍不通,且深信金钱对我来说将永远是一座不可逾越的高山的情况下活到现在,开始逐一剖析自己对金钱的信念。这一过程逐渐为我揭示了众多问题的答案。

回首我过去与金钱的交往,我发现自己始终享受能够拥有自己的钱财。我非常喜欢钱,永远都不嫌多。于我而言,金钱代表着自由,意味着我可以用它来随心所欲地做我想做的事,无须向任何人汇报。然而,当我深入剖析这一点时,我意识到真正让我着迷的是消费的过程。花钱让我感觉自己强大,它象征着自由、自主和独立。有趣的是，储蓄并不能带给我同样的快感。我因拥有金钱而产生的满足感，仅仅源于它在不久的将来可以换来的各种可能性。我没有为了未来而持有资金的看法，这可能是因为我的财务视窗很狭窄。

我将从消费中获得的独立与自由感，扩展到了我赚钱的方式上。我从很小的时候就在咖啡馆和餐馆打工，随着年龄的增长，我能承担的工作也越来越多，可以通过加班或兼职来增加收入。反过来想，我认识到，赚钱同样赋予了我一种自由感——正是所有这些因素交织在一起，最终促成了我的决定。我热爱自己赚钱，享受拿到薪水后，将其花在我所向往的一切之上。

尽管我一直在培养自己的职业道德，但我对工作的投入实际上只是在助长一种"赚钱－挥霍－赚钱"的恶性循环。每当资金紧张时，我便设法寻找新的工作机会。内心深处，我坚信自己总能找到增加收入的途径，所以我潜意识里允许自己继续花钱，因为我反复向自己证明，我总能找到解决问题的办法。

突然之间，我对消费的热衷（以及我对储蓄的漠视）似乎变得更有意义。我之所以采取这样的财务管理方式，是因为在潜意识里，我坚信最终一切都会迎刃而解，我总能从某个角落找到所需的资金。我会预支自己的钱，或者刷信用卡消费，或者期待意外的幸运降临，甚至卖掉物品来补偿我已经花掉的钱。

我试图对那些违背我财务最佳利益的行为进行反思，从而调整这种信念。记得有一次，我经历了糟糕的一天，然后去了French Connection 品牌店，不假思索地花 129 美元买了一条连身裤。有一次我买了一个 Michael Kors 牌的包，纯粹是因为它们的促销力度十分惊人，价格让我无法拒绝。无论出于何种原因，无论是否真的必要，我总会从储蓄中提取资金。这种坚信"钱总会有的"的想法，与我的行为模式完美契合。这也是我不断损害自己财务未来的根源，因为在某个层面上，我相信未来的自己能够弥补这一切。我总是在期待着，等到我年纪更大一些，从下一张工资单开始，或者等待甲、乙或丙的款项到账。实际上，我陷入了预支未来财务的生活状态，花费尚未赚到的钱，依赖于尚未构建的安全保障，并期望未来的可能性能够缓解我对当前不稳定财务状况的焦虑。

我狭隘的财务视窗进一步巩固了这一信念（我们在第二部分中对此进行了探讨）。我深信不疑，自己总能找到增加收入的途径，这种信念实际上根植于一种稀缺性思维。我未能认识到，今天从我自己的口袋中借出的这 100 美元，不仅仅是 100 美元，它是拼图中的一块，能够拼成更加宏伟的整体。如果我们存下这 100 美元（而不是花掉它），久而久之，就有机会做 1000 美元的财务决策，而且这笔钱还能带给我更多东西。对于财务安全的境界，我既缺乏了解，也未曾体验。我的财务经历似乎在告诉我，赚钱总是充满挑战，生活就是在手头有钱时尽情消费，因为金钱不会永远陪伴左右。

当我开始将财务行为与财务信念相互关联时，一切变得更有意义了。然而，有一件事情让我颇感困惑。在财务信念的领域里，最难接受的事情之一就是我们可能同时抱有多重矛盾信念。我一方面坚信赚钱不易，但另一方面又抱着"不过是钱而已"的念头，这成了许多"不管不顾"行为的基础。我还坚信，金钱能赋予我独立、自主和自由。还有那个讨厌的顽固信念，即总是认为自己能够找到赚取更多财富的途径。

当我们单独审视这些信念，再将它们汇集在一起时，会发现其中某些部分似乎合理，而另一些则充满了矛盾。一方面，金钱给予我独立和自由的感觉；另一方面，我又认为金钱不过如此。财务信念存在不一致性，这是人之常情——每个人都是复杂的、矛盾的存在，基于各自独特的生活经历，我们会认为许多事情都是正确的。然而，我的各种财务信念之间的这种脱节，导致了糟糕的财务决策。我的某些行为遵循一种信念，而其他行为又遵从另一种信念。难怪我总是觉得自己的财务状况欺骗了我。

一些财务信念可以迅速改变——觉知到它们的存在往往就是改变的催化剂。然而，另一些信念则需要更多时间，只有通过逐步的转变才能被彻底淘汰。

重塑我的信念之旅始于对它们的深入探索，以及开启我的觉知，理解它们是如何在幕后操纵我的行为。接着，我必须着手决定自己究竟要相信什么。有些信念相较于其他信念更容易被重塑——那些带有明显负面倾向的信念，比如"金钱是万恶之源""财富使我堕落"或"赚钱总是非常困难"，都是可以被挑战和改变的。而另一些信念则更为顽固。例如，我那种"总有办法赚更多钱"的想法，就不那么容易反驳。这个信念处于积极和消极之间的那条微妙的界线。一方面，它是一种满含回避和情感脱节的信念。另一方面，它也可以被看作一种富足思维，即相信总有更多的财富等待我们去赚取。

信念－行为的互动循环

如果说，我们的信念塑造了行为，那么转变我们的行为是否就意味着改变了我们的信念？如果我们更新了信念，能否就此坐享其成，无须再做任何努力？遗憾的是，现实并非如此简单。在重塑信念的过程中，我们同样需要在行为上付出努力——对不起，打破了你的幻想！

我们的信念得到了大脑所搜集证据的支撑。我们加工信息与经验，并将其组织起来，使其具有一定意义。然而，如果我们积极行动，改变财务行为，以实现不同的结果，那么无论最初感觉多么不适应，都能创造新的体验来证明并遵循我们的新信念。

我将这种互动关系称为信念－行为的互动循环。它犹如思维与行动之间的双向沟通桥梁，两端同时调整，就可以优化整个系统。

转变信念能够重塑我们的行为，而行为的改变同样会反过来影响我们的信念。在金钱的管理上，这一点尤为显著，因为我们的财务经历与自尊心紧密相连。我们对自己的感知、对自己能力的信心，以及对积极财务成果的期望，都使得我们的财务问题变得更加复杂。

相较于深入大脑去改变信念，调整我们的行为似乎更为可行。如果我们能够主动介入，有意引导自己的行为朝向不同的结果，并同时为大脑提供一个全新的解读脚本，就能逐渐将我们的思想、情感和行为引导至一种协调一致、相互支持的状态。

如何重塑信念和重新规划行为模式

我们已经深入探讨了信念问题，我明白，这是一个有点儿沉重的话题，毕竟信念的改变并非轻而易举之事。但好消息是，当你从信念和行为模式的角度来处理财务问题时，你更有可能实现长期的成功。这是因为这实际上是在重新编程你的大脑，让它以全新的视角看待金钱，并与你的行为建立更深层次的联系。

接下来，我将我们讨论的内容分解成三个步骤，以助你塑造自己的金钱观。

第 1 步：自我觉知

首先需要做的是认识并理解自己的信念。这些信念构成了我们行为的脚本。要想改变行为，必须从改变这些脚本开始。如果我们对自己的现有脚本不甚了解，改变就无从谈起。

我准备了两个练习，可以帮助你揭示这些信念。

练习 1：生命时间线

在一张纸上画一条水平线，将其分为上下两部分。尽可能多地回忆与金钱相关的生活记忆，尤其是那些早期的记忆，并按照时间顺序从左至右排列它们。越往左侧代表越早期的记忆，越往右侧代表越近的记忆。将积极的记忆标记在水平线的上方，消极的记忆标记在下方。当你记录下 10 到 15 个记忆片段后，重新审视每一个片段，并记录下与之相关的任何想法、感受或行为。

　　完成之后，用一条直线将每个记忆连接起来，从左至右，由上至下，以捕捉记忆的轨迹。最终，你将得到一张财务经历的折线图。花点儿时间观察这张图，它展示了你截至目前的人生中与金钱相关的变迁。其中有哪些特别之处呢？

练习2：过往与当下

　　在一页纸上划分出两栏。将其中一栏标注为"过往"，另一栏则标注为"当下"。

　　在"当下"这一栏中（从这里出发相对容易些），列举出你希望改善的财务行为或财务现状。这些可能是一系列你希望改变过去行为方式的事情，或者是希望自己对某些事物的感受有所改变的情形。

　　转至"过往"这一栏，追溯你对金钱的记忆。回顾你的父母对金钱的评价，你对金钱的认知，金钱在你的生活中是如何被消费或储存的，以及它是如何在日常对话中被提及的。

　　完成这两栏的填写之后，带着对过去的记忆，深入探究"当下"栏目中的每一项。你能从这些内容中提炼出哪些结论或联系？将你在此观察到的每一个潜在的金钱观念，整理成一个新的列表，放置在两个栏目的下方。不必过分在意是非对错，只需探索你能够发现的所有联系。接着，试一试这些信念，看一看是否适合你。在思考你与财务的互动和对财务的情感时，看看哪些信念让你觉得最为契合。

　　当我意识到自己内心深处潜藏着一个信念（"我总能赚到更多钱"）时，我必须将这一信念放入阻碍我的财务行为中试

验一番，判断两者是否真正契合。当你找到合适的信念时，你
会感受到一种顿悟，仿佛有什么东西咔嗒一声就位了，你的财
务行为突然有了清晰的意义。

在此过程中，审视你内心的那些反派角色可能对你有所
帮助。你是否发现了"追寻意义的旺达"或是"拖延大师弗
兰"的踪迹？辨识出这些内心的反派，能够帮助你与自己的信
念保持必要的距离。意识到我一直怀有"金钱总会有的"信
念，让我感到愧疚、愚蠢和羞耻，因为我竟然如此天真地相信
自己的能力，认为自己能够解决所有问题——尽管实际上没有
任何迹象表明我有这样的能力。而将这种信念归咎于我的内心
反派，比如视为拖延大师弗兰的暗中作梗，这样的做法让我感
觉更像是在训练一只宠物，而非彻底改变自己，于是更容易
接受。

第 2 步：重写与重塑

一旦你意识到了自己的信念以及它们如何渗透到你的行为
中，就到了重写和重塑的时候了。是的，这就是你在脑海中做
出重要转变，并开始建立理财之道能力的时候。第二步是关于
对抗、挑战或转变你的信念，使其更加有利于你，接着从这些
新的信念中提炼出你所期望的行为模式。

为了重写你的信念，首先写下你在第一步中确认的所有信
念。一个接一个地列出来，并在纸张旁边留出足够的空间。在
每个信念旁边，尝试写出 3 个能够替代它的新信念。

表 16-1 提供一些示例，希望能助你启航。

表　16-1

财务问题总是很困难	•赚钱可以轻松、无压力且简单 •理财其实并不复杂 •我对财务有着决定性的掌控 •我自主选择如何管理我的金钱
金钱永远不够用	•我具备储存财富的能力 •我深信自己能够妥善管理金钱，并以战略性的方式最大化我的利益 •当我拥有财富时，我便具备无限的可能性和机遇 •我能够在享受当下财富的同时，为未来做好储蓄规划
我总能赚到更多钱 *这个信念更为复杂，因为我们不想直接反转过来说"我赚不到更多钱"——这将是一个可怕的信念！相反，我们应该努力使这个信念更有利于我们期望的储蓄行为。我们想鼓励自己存下一部分金钱	•金钱能够为我的生活带来便利与轻松 •拥有财富象征着具备安全感、内心的平和与宁静 •我有理由在财务上保持自信 •我信赖自己的能力，能够守护住金钱 •不必消费，金钱本身就能为我带来益处 •储存财富，会为我开启无限的可能性
渴望金钱意味着我很贪婪，或者我是一个坏人	•金钱能帮我做有益的事情 •金钱在我这样的人手中，可以发挥积极作用 •我有权利追求金钱带来的安全感和多样化选择
金钱会引发冲突	•金钱能够带来自由、和谐与稳定 •金钱助我实现美好的愿望 •拥有并珍惜金钱是一种积极的生活态度

（续）

像我这样的人不可能有很多钱	· 我理应享有财富，因为我能用它创造非凡成就 · 我有资格享受自由 · 我有能力得到金钱

从你挑选的替代性信念中，选择那些你最能产生共鸣的。

在一张新的纸上，逐一写下新信念，然后开始探索哪些财务行为和结果能够体现这个信念。

信念：我值得拥有自由

行为和结果。

· 我有足够的储蓄，以备不时之需。
· 我可以毫无愧疚、毫不羞耻地为自己花钱，也不会带来任何负面后果。

信念：我理应拥有财务自信

行为与结果。

· 我不会冲动消费，总能做出审慎的消费选择。
· 我不会从我的储蓄账户里取钱，我信守对自己的承诺。
· 我不会在月末进行自我谴责。
· 我坚定地遵循自己的预算规划。
· 我允许自己在确保付清账单、满足需求的同时，享受金钱带来的乐趣。
· 我备有充足的储蓄，随时准备抓住出现的任何机会。

信念：我能够掌控自己的钱

行为和结果。

- 我清楚自己的钱的去向及其原因。
- 我对金钱的使用有策略性。
- 我会提前规划，不会做出日后会后悔的冲动决定。
- 我了解自己的财务优先事项。
- 我知道如何让金钱为我所用。
- 我能做出积极的财务决策。
- 我能安心地储蓄金钱。

信念：我相信自己能够管理金钱，并且战略性地为我的最佳利益管理它

行为和结果。

- 我知道什么值得花钱，什么不值得。
- 我的消费和储蓄行为都有目的性。
- 我能计划预算，并坚持行动，感觉轻松而顺畅。
- 我会审查自己的金钱去向，在事情失衡时进行微调。

信念：财富是我行善的助力

行为和结果。

我手头充裕，能在他人需要时伸出援手。

我能将资金投入我所热衷的事业中。

我可以用财富发挥影响力，成就善举。

我拥有储蓄，能够及时把握机遇。

这些新信念及其伴随的行为，构成了我的新生活脚本。它们替代了旧有的模式，重塑了我的行为模式、行动准则、思维习惯和情感体验。要将这一脚本内化为自身的本能，尚需时日，我必须通过不断的练习才能对其驾轻就熟。然而，学习的过程就是实践的过程，伴随着不同经历的积累，我的信念和行为也在悄然演变：反复打磨新脚本，正是我实现自我转变的关键。

每当我们的选择尊重了新的信念，并催生了积极的结果，便是对新信念合理性的最佳证明。神经可塑性的理念——我们的大脑具有基于经历而改变和适应的能力——让这一切成为可能。当我们勇于尝试新事物，主动拥抱新的信念，并挑战旧有的观念时，我们便能在脑海中解锁新的路径，让这些信念和行为得以稳固和持续。

第 3 步：实施新剧本

接下来，我们将新脚本融入日常生活之中。这一步骤至关重要，因为它标志着你开始重新塑造大脑，学会以全新的方式管理和运用金钱。你将开始积累确凿的证据，证明你有能力以不同的方式行事，并通过观察这些新信念在现实生活中的具体表现，来尊重和支持它们。

我不想粉饰这一点：这是最具挑战性的环节。现在，你将着手实施那些你期望在生活中体验到的改变。改变信念和行为并非一日之功。（我多么希望它有那么简单！）。但是，当你从信念的层面入手，觉知到自己长期以来所坚持的信念，并理解这些信念如何塑造你的行为时，就有机会引发持久的改变。

你可能会想，嗯，我究竟该如何着手进行这些改变呢？我读这本书是因为我觉得自己不擅长处理金钱，现在，我开始看到信念是如何破坏我的行为的，那么，接下来，我该如何继续前行呢？

我完全理解你的感受。

解构了旧有的信念体系后，一些人可能对实际执行变革的可行性心生疑惑，特别是对于那些从未成功地管理过自己的财务的人来说。不要怕，关于金钱管理的实际操作难点，以及如何构建一套系统来帮助我们有效控制财务，同时还尊重我们正努力嵌入大脑中的那些充满魅力的新信念，都将在本书的第四部分得到详尽的解答。

在此之前，我希望能迅速带领大家探讨一下，应该如何审视我们的信念在某些特定行为背景下的表现。在某些特定场合，信念可能会以全新的、更具针对性的方式展现。为了深入理解这些信念的呈现方式，我们可以借助心理学家艾伯特·埃利斯（Albert Ellis）提出的 ABC 模型来进行探究。

ABC 模型

下面是 ABC 模型的工作原理。

- A = 触发事件。
- B = 信念。
- C = 结果。

在触发事件与结果之间，存在着信念这一关键要素。触发事件可能是一种感受、发生的事态、你所采取的行为，或者是任何引发你消费欲望的因素。而结果则可能是因此而生的情感、情绪反应或行为模式，例如羞耻或罪恶感，这些情绪可能会驱使你进行消费或从储蓄中提取资金。

你的信念居于这两端之间，直接导致结果。表 16-2 是一些具体的实例。

表 16-2

触发事件	信念	结果
今天工作不顺心	在线购物会让我感觉好一些	在网上花钱，感到羞耻和内疚
从储蓄中取钱	我永远无法掌控我的财务，我将永远陷入困境	感到羞耻、无助、不值得，不信任自己能管理金钱，发誓下次要做得更好，并感到巨大的压力，不愿再次失败
一个朋友买了房子/升职了	这种事情永远不会发生在我这样的人身上	对于在经济上取得进展感到绝望，认为努力无望
收到一笔意外账单	总是会有意外发生，管理金钱的努力似乎徒劳，不如在有钱时尽情消费	毁掉了整个月的预算安排

为了重塑这些信念，我们引入两个关键元素：D——辩论，以及 E——激发活力的解决方案。通过实施辩论和激发活力的解决方案策略，我们展开一系列行动，旨在挑战那些驱动行为的根深蒂固的信念，从而转变我们的思维模式，培养乐观态度，并逐步建立与金钱的积极联系。

积极心理学之父马丁·塞利格曼（Martin Seligman）指出，要挑战牢固的信念，可通过以下四个因素进行。

- 提供证据，揭示该信念与事实不符。
- 提出关于事件原因的替代性解释。
- 假设信念为真，探讨其影响。
- 反思这一信念是建设性的还是破坏性的。

激发活力的解决方案是一种高效的重新构建和定位的方法，能助你直面那些非建设性或有害的信念，并规划出一条前进的道路。积极心理学能借助乐观的力量，重新编程你的大脑，使其进入一个更加积极的状态，这自然使得你更容易应对这些信念，并与金钱建立起更加积极的关系。

现在，让我们将辩论和激发活力的解决方案策略应用到当前的案例中，以观察其效果，见表 16-3。

洞察信念如何在真实的财务背景下塑造行为，能够促使我们更深入地探讨这些议题，并将这些洞察与本章其他练习中的发现相互融合，获得更全面的理解。

表 16-3

触发事件	信念	结果	辩论	激发活力的解决方案
今天工作不顺心	在线购物会让我感觉好一些	在网上花钱，感到羞耻和内疚	在网上订购东西可能会让我感觉更好，但只是短期的好转。这种感觉不会持续太久，购买这些东西实际上可能会损害我的财务信心	为什么我在工作中会感到压力？有没有比花钱更好、更健康的方法来处理这个问题？
从储蓄中取钱	我永远无法掌控我的财务，我将永远陷入困境	感到羞耻、无助，不值得，不信任自己能管理金钱，发誓下次要做得更好，并感到巨大的压力，不愿意理财再次失败	存钱可能很困难，但也许是因为我还没有找到正确的方法	回过头来想，探索我为什么需要从储蓄中取钱？如何能在未来避免这种情况的发生？我受限于此吗？我是否忘记了一笔开销？我该如何更好地规划未来，以应对这种情况？
一个朋友买了房子/升职了	这种事情永远不会发生在我这样的人身上	对于在经济上取得进展感到绝望，认为努力无用	我的朋友能够得到那些，是因为他们的资源与信念的一部分（承认这是正确的），但攀比只会伤害自己	我能否深入探究，让我感到在这些事务上受限？这究竟是不是我真正渴望的？我该如何着手采取一系列小而具体的措施，以优化我的个人境遇，进而抵抗与旁人攀比的诱惑？
收到一笔意外账单	总是会有意外发生，管理金钱的努力似乎徒劳，不如尽情消费	毁掉了整个月的预算安排	确实，意料之外的支出有所发生，但并非同等重要。一次失误将使放弃预算，仅仅是我的大脑在短期内试图减轻焦虑的一种反应	我将规划每月固定存入一笔资金，专门用于应对突发开支，以避免感觉正在致使自己的财务进展。我将这笔资金与日常消费资金区分开来，避免感到经济上的被剥夺或限制

第 17 章

以更积极的方式与金钱互动

在掌握理财之道的过程中，最具挑战性的任务之一就是坚信变革的可能性。长久以来，你可能一直沿用同一种模式与金钱互动，仿佛所有的努力都已尝试殆尽。请相信，我能理解这种感受。

如果没有情绪因素的干扰，金钱的问题本可以简单明了，不是吗？然而，遗憾的是，正是这种过于理智、简化的思考模式，让你误以为掌握了改变现状的钥匙。实际上，改变财务状况应从内心深处开始。当你从情绪层面出发，去改变你的行为时，你便是在与大脑中的潜意识对话，那才是决策产生的源头。你正在挖掘深藏的故事，重塑那些影响你财务行为的系统设置。让我们共同探索一些初步的策略，将你的新信念转化为行动，开始以更积极的方式与金钱互动。

你与金钱的互动关系

当今社会，人们无法避免与金钱的互动。虽然你无法选择是否要与金钱打交道，但你可以决定如何培养、维系这段关系。要想对金钱持有积极的态度，你必须开始检视你对金钱的态度，以及金钱在你生活中的作用。

在本书的第二部分，我分享了我的金钱观是如何历经变革、逐步改善的，以及我对待金钱、谈论金钱、思考金钱和与金钱相处的方式是如何发生转变的。曾经，我对金钱视而不见，如今我则给予了它应有的关注，投入时间与之相处，并有目的地为其规划未来。

曾经，我任由金钱从我指间溜走，又抱怨它在关键时刻缺席，现在我则小心翼翼地追踪每一分钱的去向，确保在需要之时，可以尽我所能地让它为我所用。

曾经，我对金钱许下承诺却从不兑现，现在我则坚守我所制订的计划：让金钱明白我可以信赖。

曾经，我任由金钱像操场上的顽童般放纵不羁，而现在，我对我所赚取的每一分钱都抱以尊重，通过将它合理分配给我生活中渴望和必需的事物，赋予了它最大的可能性，去实现我希望它为我达成的目标。

塑造与金钱的积极互动关系，核心在于细致观察你与它的互动模式。你如何分配它，如何储蓄它，如何贯彻对它的规划，如何看待它在你人生中的地位，如何谈论它，如何观察它，以及当它流入你的生活时，你又将如何应对。

你与自己的关系

你与自己的关系在多个层面上影响着你和金钱的互动。致力于提升自我感受、接纳自我、深爱自我，将对你的财务健康产生正面的推动力。我明白，这是一种很大胆的说法，但我真诚地相信这一点。

回顾我在擅长理财之前的日子，我发现许多财务难题的根源在于我与自己关系的破裂。我将大量的资金投入在试图修补自我、优化自我，以及不懈地尝试成为他人的过程中。这形成了一个恶性循环，导致了对自我和金钱的失望——因为我在自我修复的道路上从未成功。每一次的"失败"，都让我感到自我价值更低，对金钱的看法也更消极，因为金钱再次离我而去，而我似乎始终一无所获。

进一步剖析，我将金钱视为一种手段，通过购买物品来满足自己的安全感，这种看法让我在经济上陷入了困境。这意味着我在生活中没有选择，与其他人相比，我感到自己是可耻、愚蠢的。因此，在争取薪酬或就业机会时，我往往无法认识到自己的价值，这导致我在经济层面始终处于劣势。这种观念在更深层的潜意识里束缚了我，让我陷入一个虽然痛苦却又习惯了的舒适区。尽管我对于无法负担起所渴望或必需之物感到极度的困扰，但这种状况又恰好印证了我对自己的自我评价。如果在生活的其他方面，我无法认为自己足够好，那又该如何对财务问题抱有自信，感到自己足够好呢？

显然，调整与自我之间的关系是一项长期的工作，但我坚信，这恰恰是我这一代以及更年轻的一代人所极力推崇的。对我个人而言，有些认知是随着年龄的增长而逐渐形成的，而有些则源于选择了接纳自我。请注意，我使用的是"接纳"而非"爱"自己。因为强求自己去"爱"可能会显得非常徒劳。对我来说，接纳自我是第一步。

开始努力接纳自己、原谅自己、宽容自己——然后看看这能如何渗透到你的财务中。这可能来自你对自己和生活中所爱部分的感激之情，以及对自己保持友善，像对待朋友一样对待自己。照顾好自己、了解自己的需求、练习自我同情，可以对你的财务行为产生显著的影响，并且可以真正扭转那种认为自己不够好的固有观念。

拓宽你的财务视窗

正如我们之前所了解的，财务视窗体现了我们对金钱在生活中的角色以及潜在可能性的认识。当我们开始采取积极的财务行动时，思考那些我们能够经历的替代性现实，就能够拓宽自己的财务视窗。

但是，这些替代性的现实是什么呢？如果改变我们的财务状况，仅仅是因为我们觉得应该改变，那么这是一种无效的努力。我们需要一个可以在情感上联系起来的理由和意义。对我们中的一些人来说，这样的理由和意义尚未显现，因此，我们必须主动去探寻它们。

拓宽你的财务视窗，意味着探索当你掌控了金钱之后可能出现的新局面。你将迎来什么样的机遇？当你积累了一定的储蓄，生活将如何转变？你将如何以全新的方式体验人生？金钱又将如何助力你的未来自我成长？

拥抱无限可能的世界

许多人之所以难以洞察储蓄或理财之道的益处，往往是因为我们的财务视窗受限。这种局限使得鲁莽的经济行为显得尤为诱人，因为如果我们无法认识到储存金钱带来的广泛利益，我们就不会去费心坚持。

对我而言，最能激发我拓宽财务视窗的动力之一，就是去接触那些在财务上拥有不同经历的人们的故事。聆听他人在社交媒体上的经验分享，阅读关于理财变革的书籍（叮叮叮，你在这方面已经做得非常出色了），以及更坦诚地与身边的人探讨金钱话题，这些都能帮助我们更深刻地理解金钱的真正价值。一旦我们能够窥见良好财务习惯带来的积极变化，就更有可能采取行动去实现那些目标。这可能包括勇敢离开有害的工作环境，或是增加旅行次数，购置首套房产，转行，自主创业，或者仅仅是在生活中拥有更多的选择权——因为你知道你有储蓄作为后盾。

进行这一过程时，关键是要确保你参考的是那些与你背景相似的人的经历。他们的情况不必与你的完全一致，但是，如果我们总与那些拥有显著优势的人相比较，可能会让我们渴望的目标显得更加遥不可及。

任务

了解自己

我之前提到过，深入地了解自己是一种财务赋能行为。而从金钱的角度去认识自己，则是这一过程中极为关键的一环。接下来，我列出了一些关于金钱和生活的问题，希望你能向内探索，自问自答。这些答案有助于你进一步开拓财务视窗，拓展你对金钱的理解，并探索如何利用金钱来支撑你追求理想生活的道路。

金钱对你而言代表着什么？

对于这个问题，人们通常会回答"自由"或"安全感"。这或许也是你脑海中立刻浮现的答案。但在此，我鼓励你深入思考，挑战自己的固有观念。你的答案在现实生活中的具体体现是什么？你又该如何判断自己是否已经达到了你所理解的"自由"或"安全感"，或者是你在回答这个问题时想到的任何其他概念？

你渴望从生活中获得什么？

我知道，我知道。这是一个直击心灵的问题，但提出这个问题，并且允许自己真正去思索答案，是一种能够迅速让我们掌控自己财务的小窍门。这样做迫使我们思考一个可能性：我们可以主动出击，去获得自己想要的任何东西。

然后问问自己，金钱能在你追求理想生活的过程中扮演怎样的角色？

有没有什么是你渴望拥有，却感觉永远得不到的？

审视你认为永远得不到的东西——并询问自己为什么

这么想——是非常有力的举措。它揭露了那些我们一直在潜意识中遵循的限制。诚然，一些限制是客观存在的（比如买不买得起房子），但另一些限制可能是我们自己强加的，它们让我们将自己封闭在局限里，远离各种机遇。识别并打破这些限制，能够帮助我们更加深刻地理解金钱的价值，并让我们意识到，投身于财务管理是一件极其有价值的事情。

在你眼中，财务成功是什么样的？你又认为自己能够实现到何种程度？

这个问题可以很好地帮助我们拓宽财务视窗。我们对成功的界定往往十分宽泛，但对自己能够达成的可能性却抱持着狭隘的信念。或者，我们对两者的看法都很狭隘，我们对真正的成功可能性一无所知，也就因此不相信自己能够实现目标。无论你的答案是什么，尝试去挑战这个问题，努力缩小真正的可能性和你个人认为的可能性之间的差距。

对你而言，多少钱才算是一笔巨款？

这个问题能有效地揭示你内心深处对财务的无形限制。我们脑海中常有一个数字，超过这个金额就会被我们视为一笔巨款，这往往源自童年时期对比父母更富裕的人的收入的认识，或是家庭无法负担的商品的记忆。我曾经认为，年薪25 000英镑是一笔巨款，因为这是我父母口中的大数目。在我的财务视窗尚未足够开阔之前，我意识不到人们能够赚取远超于此的财富！而且，考虑到通货膨胀的因素，当我开始全职工作之后，我曾经认为的一笔巨款实际上仅比最低工资标准略高一点儿！

在刚刚完成的任务中，通过对这些问题的回应，你或许已经留意到，我们对物质上的物品的提及相对较少。被提及的，往往是因为它们能直接提升你的生活质量，而非仅仅为了拥有而拥有。改变你对金钱的看法，将其视为一种宝贵的资源，而不仅仅是人生赌博的筹码，这是建立与金钱健康关系的关键步骤。

实际上，随着你与金钱关系的日益改善，你会发现自己心目中的物质与金钱之间的联系越来越弱。我绝非暗示，一旦你擅长理财，就无法享受生活中的美好事物——绝非如此。正相反，在理财上游刃有余的同时，也能够尽情享受最优质的生活！你可以拥有这些美好，而不会损害你的财务状况，不会感到遗憾，也不会因为追求那些你甚至不确定是否真正想要的东西而感到一切都失控了。然而，当你开始将金钱视为实现最佳生活的资源时，你将不再需要依赖物质上的商品来体验你所向往的生活。

话虽如此，我们知道我们生活在一个崇尚消费的世界中，这使得上述观念的实现变得更加困难，因此，我们有必要善于觉知，发现我们何时是在将自己想要体验的情感寄托于消费的。

之前，我去悉尼出差——实际上，就是为了见这本书的出版商。就在那天，我们就书名达成了一致——*Good With Money*，此前几周，我过得非常艰难，因为我对这本书的内容感到完全迷失了方向。但会议进行得很顺利，让我感觉自己或许并非彻头彻尾的失败者。望着悉尼歌剧院和海港大桥（我知道它们都是热门旅游地点，但在我内心深处，我是一个英国小镇女孩，我从没想过像我这般的人能有机会来到这里出差），这时我突然有了强烈的购物欲望，想要买点儿什么来纪念那种美好的感觉。抱歉……什么？等等，我的大脑，这到底是怎么回事？

在这一特殊的反思时刻，如果我想买一些对我真正有意义的东西，那么购买它们并不一定是件坏事。然而，如果购物只是为了花钱以试图保持那种美好的感觉，则是我财务规划中一个简单而直接的错误。我记得，以前我曾用美好的感觉作为买东西的借口，现在几乎又要重复同样的行为。

幸运的是，我及时意识到了这个错误（显然，我还撰写了眼下这一章节来记录这件事），并成功地将我的钱稳稳地存入了银行账户。但这提醒你，在众多消费诱惑面前，即使你很擅长理财，你的大脑也可能会在你最意想不到的时候背叛你。但这并不要紧。学会识别并修正这些小错误，正是帮助你走上理财之道的一个方式。

第 18 章

夺回你的财务决策权

在财务管理方面（以及整体生活），我们所能做的最重要的事情之一就是重新掌控自己的财务决策权。这意味着要对抗我们所有被灌输的消费习惯，并认识到我们的决策是如何被操控的。

从纯粹的经济角度来看，夺回你的财务决策权可能意味着你整体上花费的钱会更少。太好了。然而，这不仅仅是为了减少开支，更是为了更好地花钱，学习如何以对你有益的方式运用金钱，而不是盲目地追随他人为你设定的标准。

超越财务领域的限制，打开我们的意识，去了解我们是如何做出决策并养成习惯的，这是一种可迁移的技能，我们可以将其应用到生活的各个方面。双赢！

夺回你的财务决策权，始于洞察我们花钱时所发生的情况。我将这个流程分为三个区域。

- 激活区。

- 决策区。
- 反思区。

如果我们擅长理财，并且能够觉知到自己的消费决策，那么我们可以解锁额外的第四个区域：赋能区。但在开始之前，我们先看看前三个区域。

激活区。这是你日常生活中的常规活动。在这里，你被激活去购物，你的弱点转化为诱使你消费的前因，糟糕的一天可能会成为在线购物狂欢的催化剂，一次夜生活可能就会让你陷入"无衣可穿"的困境。这是你的内心反派潜伏的地方，他们正在寻找机会击败你。

决策区。这个区域从时间上讲要短得多，但强度要大得多。这是你做出消费决策的时刻。在这个区域，你可以采取多种措施来更明智地消费。当你擅长理财时，它实际上成了一个机会区，因为在这里你可以运用你的觉知、目的性和其他策略，做出导向积极结果的决策。

你可以通过在进入和离开决策区之间设置延迟策略，为自己争取更多的时间来做出决策。例如，你可以将心仪的商品留在购物车中，或者离开商店，等到明天或某个具体时间点再做决策。这样的延迟可以帮助你在难以说"不"时，做出更为理性的选择。

反思区。这是在你决定是否花钱之后进入的。在这里，你可能会开始感到后悔，开始在头脑中计算你本可以用这笔钱做什么，开始权衡利弊，随着现实的到来和多巴胺的消退，你通常会开始更清楚地看待事情。在这里，你也可能决定回到激活区，再次陷入消费循环。

当你学会重新审视你的财务决策时，你走过这些区域的方式就会发生变化。你对自己的激活区的控制力更强了，那些激活你并唤醒你内心反派的东西，在你的财务行为中变得不那么重要了。决策区在这个过程中起着同样的作用，但它更像是你精心训练的宠物，而不是混乱和疯狂的容器。反思区是一个更积极、更脚踏实地的空间，在这里，你能够坚持你所做的决策，而不是回到激活区，你可以继续向前迈进：你已经解锁了赋能区。

赋能区有效地结束了消费过程，并使每个个体决策作为一个完整的过程而存在。它能够打断自我实现的消费循环，让这一周期脱离不受约束的激活区和决策区，以及充满悔恨和羞耻的反思区。

如果你擅长理财，赋能区是你能够完全接受并控制自己决策的地方。如果你在面对消费诱惑时选择离开，或者做出了更有利的财务选择，赋能区是你真正沉浸在那次决策带来的满足感中的地方。这是你意识到生活不必不断投入硬币到内心的"老虎机"中的地方。这是你开始摒弃"幸福和难以捉摸的 5 羟色胺都源自消费"这一观念的地方。

同样，赋能区也是你从有意识的财务决策中收获成果的地方，这些决策确实导致你花费了金钱。如果你决定购买某物——记住，夺回你的决策权并不意味着不购买，而是要购买得当——赋能区让你真正能为那次购物感到自豪。你不会自责，不会感到内疚、羞耻或后悔，也不会再次陷入激活区。你感觉非常棒，因为你用自己的钱改善了生活。你已经完成了这一闭环（见图 18-1）。

图　18-1

让我们进一步分解这些区域，看看你的区域如何帮助你做出财务决策。

重构激活区

重构激活区的核心在于弄清楚这个区域内正在发生什么。这个区域是本书中许多讨论的概念得以实现的关键场所，涵盖了你的自我认同、与之相关的消费模式、你对物品赋予的意义、你的弱点如何被利用，以及你内心反派告诉你什么是真实的。

许多事情在我们未加注意的情况下发生，因为它们受潜意识的控制，几乎像自动驾驶一样自动进行。正如我们所知，我们的创意总监正在处理我们的思想、情感和经历，并通过创造故事来赋予它们意义。激活区是这些故事开始发挥作用并驱动我们行为的地方。

任务

审核你的激活区

用整整一周的时间，关注并觉知你的激活区。什么样的事情会激发你想花钱的欲望？从内部和外部两个角度审视这个问题。它可能是进入你意识范围的东西，比如看到你想买的产品或它的广告；也可能来自你内心，比如你想用消费来获得某种情感。通常，内部和外部会在某个时候发生碰撞，把你拖入与购买机会相匹配的不安全感旋涡。

注意你的环境，关注激活因素的共性。你在做什么？你和谁在一起？在你产生购买欲望之前发生了什么？营造一个保护你免受激活因素影响的环境，是改变你在关键时刻反应方式的有力方法。

可以将你的激活区视为一系列多米诺骨牌，它们将你引领至决策区的边缘。发生的第一件事是什么？你的反应是什么？接着发生了什么？你的行为、思绪和情感都是解开这个谜题的关键部分。

例如，第一张多米诺骨牌可能是你在工作日的糟糕感受。为了舒缓那天的压力，你回到家，打开了电视。在电视节目的陪伴下，你无意识地开始在线浏览商品。然后，你看到了某件商品，它似乎能带来你所渴望的解脱感。你内心的反派之一或几个反派一起苏醒，你急切地寻找一种应对的信念，这将决定你在这一刻的反应。这时，你正逐渐踏入决策区。

识别激活区中的事件至关重要，因为你无法改变你不了解的过程。一旦你意识到什么激发了你对消费的渴望，你就可以选择换一种方式来应对这些刺激。

重构决策区

决策区是我们开始审视自己正在努力填平差距的地方。在这里，许多潜意识的财务信念浮出水面，控制着我们的财务行为——我们内心的反派真正掌握了方向盘。重构决策区的关键在于将那些决策带入我们的意识。同时，往往也需要用其他方式（改变后的行为）替换标准行为（购买），同时学习如何做出健康的消费决策。

后者实际上是最困难的。虽然改变任何习惯都不容易，但完全放弃某种行为实际上可能比学会改变行为更容易。随着你学会做出更好的消费决策，你可能会发现随着时间的推移，说"不"越来越容易了，而说"是"变得更难，因为后者需要你考虑一系列因素，从财务能力，到你重视的事物，再到你的财务优先事项，以及内心反派可能告诉你的事情。但重要的是，你要学会说"是"，因为你不想过度限制自己，不希望最终导致自己完全无法享受金钱。

3B 问题

在决策区，你需要注意 3B 问题：讨价还价（bargaining）、信念（beliefs）和权衡（balancing）。

讨价还价。我们很擅长为花钱找理由。还记得自己用过的所有借口吗？比如，"这是最后一次""买了这个会让我感到自信""我需要这个东西来实现我的目标"。

怎么做？ 你得开始学习为另一方辩护，就像律师一样。你为什么需要买它？有没有证据表明如果不买会更好？提前考虑一下你购买后的感受。

信念。这是你的财务出厂设置发挥作用的地方。你准备用钱换取某物，所以各种各样的财务信念都将被激发，尤其是关于"保留"或"持有"金钱的概念。在这个时候，你需要揭露你的内心反派。你为什么想花掉这笔钱？你认为花掉这笔钱是合理的吗？当你考虑存下这笔钱时，你注意到了什么？

你可能会有回避的感觉——也许你想不出任何答案，所以希望回避这个问题。或者可能是自满的感觉——"我会找到钱的。我总是能做到"。或者可能是"何必自找麻烦"的感觉，这就是习得性无助出现的时候。关键是，这是你开始重新调整行为的机会，远离那些不太有利的信念以及与之相伴的习惯。

怎么做？ 倾听有害的信念。真的去质疑你花掉这笔钱的动机，并用相关的"反转脚本"替换旧脚本中支持那些信念的部分。读取你的新脚本。

权衡。我们可以开始将决策区视为一种相互妥协、相互迁就的游戏，所以要走出这一区域的时候，需要审视天平的两端孰重孰轻。到底要不要花这笔钱？这是你的最终考量。

怎么做？ 你需要培养一种习惯，将财务决策视为整体规划的一部分。将这个购买决策与你的价值观和优先事项进行对照。这笔钱还可以用在哪些其他方面？这笔交易带来的优势和劣势是什么？

重构反思区

当你重构了激活区和决策区后，反思区会发生改变，但我们很有必要熟悉健康的反思区是何模样。要重新塑造这里发生的事情，需要深入探讨我们过去的购买行为，并识别健康的反思区体验与不健康的体验之间的差异。

任务

回忆反思区

请你回想自己花钱购入的两件物品——一件让你后悔不已，另一件让你非常满意。把自己带回为二者花完钱后的反思区，留意这两种经历之间的差异。后悔花钱的感觉是怎样的？这种后悔如何影响了你后续的财务决策？相反，当你购买了某件让自己满意的物品时，坚持这一决策的感觉又是怎样的？那种感觉与你渴望立即寻找下一个要买的东西时的状态有何不同？你能体会到某些决策让你回到激活区，而另一些决策则为你打开了通往赋能区的大门吗？让自己以不同的方式来消费，是将你的财务决策结果与情感紧密联系起来的一种有效方法。

如何以健康的方式通过这些区域

通过这些区域视角来审视你的购买决策，将有助于你更明智地管理金钱。这些区域之所以关键，是因为它们体现了你在这一过程中的实际操作。这有点儿像驾驶：你不可能不实际操作就学会驾驶，同样，你也不可能不实际体验就学会改变财务行为。

最初，你主要在决策区工作，因为这是你最终决定是否购买的地方。随着时间的推移，你会更能觉知到激活区及其引导你考虑花钱的路径。当你更熟练地控制这些区域时，激活区会变得更健康，决策区会成为训练有素的宠物，而反思区和赋能区将是你健康财务行为的快乐港湾。

设立这个区域模型，目标在于帮助你理解你在花钱时所经历的过程，这样你就能实时地识别它们。学会了解自己何时处于激活区、何时即将做出购买决策，识别购买之后产生的感受，都是做出更健康选择的关键。你如果能够控制金钱的流向，就能像专业人士一样管理它。

第 19 章

重新学习如何花钱

现在，我们已经对决策过程有了深入了解，也知道当自己在错误动机驱使下消费时，如何拦截这一过程。下一步是重新学习如何花钱，这样我们不仅能享受金钱带来的各种好处，还能根据自己的意愿，在健康的财务管理框架内进行。当我们学会更有效地花钱时，存钱自然而然就变得更容易了。良好的储蓄习惯始于良好的消费习惯，但这一点往往在财务教育中被忽视。

你可能会想，嗯，在花钱方面，我可是高手中的高手，我甚至能代表国家参赛！我太擅长花钱了，简直可以在睡梦中把钱花掉！

我理解你的感受。我曾经也是一个奥运选手级别的挥霍者——现在依然如此。说实话，如果你把钱给我，我立马就能帮你花掉。在《老友记》中，瑞秋得到了一份助理采购员的工作，她说："现在我可以去购物啦！为了谋生！"这正是我的心声。

但是，花钱也有正确的方式和错误的方式。正如我们所见，用原始的人类大脑和情绪来应对现代世界，很容易陷入以错误方式花钱的困境。如果我们学会了如何花钱，就真的可以做到"既拥有蛋糕，又能吃掉它"。我们既能存钱也能花钱！而且我会教你如何做到这一点。

首先，需要确立一种观念：重新审视消费习惯，掌握理财技巧，绝非有关限制、剥夺或挫败。在本书中，我并不打算教育你，不应享受外食的乐趣，也不该偶尔买些小礼物犒劳自己。坦率地说，如果不是因为我在每一次克服困难后都给自己设定了小小的奖赏（这样的挑战不胜枚举），这本书可能根本无法问世。

要重新学习如何花钱，最重要的是理清目的性。这意味着引导资金按照你的意愿流动，决定你的金钱最应该投入何处，如何能够实现价值增长，或许最为关键的是，识别出哪些消费不会带来增值。

基于投资回报率的思维

学会合理消费，从转变思维方式开始。由财务出厂设置主导时，我们的决策方式总会杂乱无章。我们会根据当下的感觉做出反应，让有害的金钱观念操控我们的行为；我们易受外界信息和环境的影响，对未来的看法狭隘且与现在脱节，轻易就能被颠覆。

我们一起来深入学习投资回报率这一概念吧。在商业或投资场合，你可能对这个术语有所耳闻。投资回报率指的是投入资金后所获得的收益。例如，企业会评估一台设备的投资回报率。如果一台机器的成本是 20 000 美元，却能创造 200 000 美元的收入，无疑说明它的投资回报率相当高。同样，你如果投资一家公司，当然期望投入的资金能够带来丰厚的回报。虽然投资回报率的评估通常聚焦于财务收益问题，但我们同样可以将这一理念应用于评估那些既能带来财务回报，又能提升生活品质的消费决策。

现在，我希望你能够从个人生活的角度深入思考投资回报率这一概念。在任何情境下，应用投资回报率思维的核心在于在购买前对潜在的投资进行深思熟虑的评估。

我们购买的每个事物几乎都可以用投资回报率来衡量，无论是 20 美元的保湿霜、900 美元的戴森多功能美发棒，还是每月 2000 美元的房租、5 万美元的汽车，甚至是 50 万美元的公寓。

当然，我们个人购买的一些商品确实能够带来经济上的回报，比如房产等大额投资产品，或者是能够节省未来时间或金钱的电器等小额商品。在这些情况下，你可以进行一些数学计算。然而，从更广泛的角度来看，日常生活中的投资回报率思维更多的是指评估你从某项事物中获得的价值。这正是它极具个性化的地方——这种"价值感"几乎可以涵盖你想要的任何东西，只要它对你的整体财务状况和个人意义有所助益。

投资回报率思维的关键在于促使你审视用金钱换取的物品或服务，确保它们对你而言是值得的。它激励你在生活的全貌中探索你正考虑投资的事物，最重要的是，思考支付这笔钱的后果。这对你意味着什么？这是否会减少你购买其他物品的资金？这样的权衡是否值得？这会提升你的生活质量，还是会降低你的生活质量呢？

接下来，我们可以通过几个实例来探讨投资回报率思维在现实生活中的应用。

例 1：服饰或护肤品等可自由支配的奢侈品

面对现实吧，可自由支配的奢侈品往往是我们最热衷于购买的物品。我们的投资回报率评估将主要侧重于生活方式的提升，同时也融入财务评估的要素。当我们对一件价值 129 美元的运动夹克或 59 美元的精华液进行投资回报率评估时，我们应该问问自己以下问题。

- 这件物品能如何为我的生活增添价值？当购物的冲动消散后，我对这件物品的感觉会如何？
- 这将对我的财务状况产生何种影响？我对此有何感受？
- 这件物品对我的生活方式有什么影响？
- 还有其他更好的方式来使用这笔钱吗？我是否愿意进行这样的权衡？

将价格与其他财务要素进行对比，有助于我们衡量其潜在的影响。在购买前的高度兴奋状态下，未来的后果往往难以预见，因此，要做出明智的决策，设立一些机制来促使我们提前思考至关重要。

以下是一些通过考虑成本来决策的方式。

- 以储蓄比例来衡量。（例如，这瓶精华液价值 59 美元，是否占到了你储蓄总额的 10%？）

- 与你的工作时薪对比。(例如,这件夹克价值 129 美元,是否等同于你 5 小时的工作收入?)
- 在价值相当的商品之间做出直接的"二选一"决策。(例如,129 美元可以用来购买这件夹克,或者是你渴望入手的音乐会门票的一半费用,你将如何选择?)

关键在于将每一次消费视为对生活的投资。如果看不到回报,你就不会投资。

例 2:旅行或度假的要素

规划假期通常需要决定住宿地点、航班、活动内容等。这是练习投资回报率思维的好机会。

在选择住宿、航班和活动时,你可能会看到许多不同价位、不同层次的选择。入住豪华酒店比选择一家更经济、更朴素的旅馆所花的费用更高。起降时间适宜的直飞航班机票可能比到达目的地的时间是晚上 11 点的廉价航空公司机票贵得多。

在这里,评估投资回报率可以帮助我们以一种有效的方式做决策。我们需要问问自己以下几个问题。

- 我的旅行优先级是什么?我愿意留下更多的钱去买鸡尾酒,为此牺牲睡眠质量吗?我更倾向于选择便宜旅馆,为活动腾出更多的钱;还是宁愿待在更好的酒店,并安排更简单的行程?
- 每个选项可能带来哪些附加成本?例如,时间较早的航班价格可能更便宜,但是否意味着我到了机场之后,只能打车,而无法乘坐地铁?

与其他旅行规划一样，这也涉及更为复杂的数学运算，你可能在过去的某个时候经历过这一过程。然而，若从投资回报率的角度来审视这一过程，就更容易将注意力集中在资金所换取的回报，以及你所投入资金可能带来的结果上。

例 3：租房的选择

确定分配的收入多少用于租房，是一个充满挑战的决策过程。通常情况下，我们往往是依靠直觉来做出这一选择的。假设我们每周收入高达 1000 美元，可能会随意设定一个感觉还不错的租金预算，并开始在那些评价较高的地区寻找房源。但如果我们转变观念，将这笔租金视为对生活的投资，我们就会着手衡量这笔投入能带来怎样的回报。

在这种情境下，采用投资回报率的思维模式会促使你从更广泛的视角进行考量。在评估这一"投资"时，你或许需要思考以下问题。

- 你最看重的居住要素是什么？是地理位置的优越性，还是居住空间的宽敞度？
- 如果增加预算，你能获得哪些额外的益处？反之，为了节省开支，你又愿意放弃哪些好处？
- 当你考虑增加一些额外需求，如拥有阳台或增加一个卧室（以及随之增加的成本）时，不妨思考：这笔钱是否还有更好的用途？
- 这个家能赋予你何种生活上的价值，以及它可能为你开启哪些新的机遇？

近些年来，对生活选择进行投资回报率评估，在我的财务管理中始终占据着核心地位。我们以前一直住在一居室的公寓里，但新冠疫情之后，我们开始渴望更多的空间。

对我个人而言，空间大小始终比地理位置重要。我和伴侣从未涉足过墨尔本那些备受追捧的郊区。我们选择在偏远一些的地区安家，因为这样做意味着，在市中心我们可能只能租住一个两居室，而在同样的价格下，我们却能在那里享受到更为宽敞的三居室空间。更进一步，更深入地讲，如果我们选择更为偏远的地区，还能够进一步节省开支。然而，对于我们而言，理想的居住地应该是性价比适中的地方，既不会过于昂贵，也不会太廉价。

投资回报率评估能让你的财务决策更适合个人生活方式。有些人从住所中获取的价值远超他人。如果你偏好长时间待在私人空间，或者你对某个特定郊区情有独钟，或者你特别注重居住地要靠近工作地或朋友家，那么你在某个特定房子上获得的生活回报，将比那些优先级与你不同的人要高得多。

采用投资回报率的思维模式，能够助你在宏观和微观层面做出更明智的财务决策。归根结底，这一切都取决于你的个人价值观。在下一章中，我们将深入探讨价值观的内涵。

财务优先级与宏观视角下的思考

实质上，财务优先级是对我们资金流向的一种层次划分。这不仅体现在我们日常消费和金钱管理习惯的微观层面，也体现在我们人生不同阶段所花费的金钱的宏观层面。了解自己的财务优先级，能够助你在生活的各个领域做出明智的财务选择，包括：

- 确定租房支出的合理额度。
- 优先安排你的可自由支配支出，并有效管理预算。
- 明确你的资金（无论是 10 美元、100 美元还是 10 000 美元）花在何处对你而言最重要。
- 辨识何时你是为自己而消费，而非迎合他人。
- 认识到你的财务行为何时受到特定不良信念的影响。
- 决定在何时选择不消费（决策的过程是一样的，只是最终的结果不同）。

财务优先级的核心理念，呼应了本书中反复提及的一句话：你可以拥有你渴望的任何事物，但不必拥有你渴望的一切事物。当你学会了分清轻重缓急，就能确保将资金首先用于对你最为重要的事项上。

维持良好的消费习惯

本书第二部分探讨了当我们试图做出明智的财务决策时，大脑常常会让人失望。强烈的情绪体验可能会使我们的前额叶皮质丧失作用，而让大脑中掌控情绪化、冲动性的部分驱动我们的行为——但我们不必成为这种原始功能机制的受害者。我们可以训练前额叶皮质，让它保持更长时间的在线状态，并控制那些导致我们损害自己财务健康行为的情绪波动。你可以用以下方法增强前额叶皮质对抗情绪和外部世界诱惑的能力，包括创造空间、保持距离和设定界限。

放慢决策速度

要在理财上做到游刃有余，并重新夺回对金钱的控制权，关键手段之一就在于放慢决策速度。目的性意味着我们需要深思熟虑、控制冲动，并能超越一时的情绪做出选择。这几乎是一种自我信任感，能够识别什么对自己有益，并据此采取行动。

掌握放慢决策速度的技巧至关重要。冲动消费是消耗我们财务自信的最大窃贼之一，而我们周围的世界正是在利用我们对即时满足的渴望。在社交媒体、电子商务和数字支付平台兴起之前，要购物必须离开家门，或者在极端情况下，只能拨打邮购热线电话进行购物。（坦白说，鉴于我对打电话的厌恶，如果购物必须通过电话完成，我可能根本就不会花钱。）我们得等待商店开门，有时甚至需要长途跋涉才能到达自己想去的品牌店，这可能意味着我们一年只愿意去一次。周日商店歇业，所以每周至少有一天我们无法购物。以前也根本不存在送货上门的服务。

很多人都曾经历过无法随意消费的时光，而现在这一切都已不复存在。就像是有人清除了道路上的所有减速带，让我们在没有约束的情况下加速前行。

掌握放慢决策的艺术，是应对持续刺激浪潮的最佳防线。遗憾的是，我无法提供一颗神奇的药丸，让它在你即将做出选择时发出蓝色的警示光芒。然而，就像生活中的许多其他方面一样，持续的练习和坚持将带来累积的成效。

从观察日常生活中的决策开始。请注意，在你决定泡一杯茶、开灯、起床去洗手间或是拿起手机时（这确实是一个挑战），观察有多少事情是自动发生的。

习惯于体验大脑做出决策的过程，可以帮助你在进行消费决策时主动选择放慢速度。如果你能在掏出钱包之前意识到这一点，真正领会其背后的意义，并唤醒大脑中的理性区域，就能更清晰地看待自己的决策。

设置财务障碍

一种减缓消费速度的策略就是，你可以在那些不利的决策周围设立障碍。这样做是为了在你和轻易交出钱财的诱惑之间筑起一道防线。障碍的有效性因人而异，取决于个人的财务习惯。以下是一些我在个人实践中发现的有效方法。

- 将心仪的商品加入愿望清单，但不要立即下单购买。
- 将购物行为与特定目标相联系，或在购物前先实现既定目标。
- 设定每日的消费上限，而不是传统的每周或每月限额，以此让每笔小额消费都显得更加重要。
- 在做出购买决策前，深呼吸三次，自问这是否真的符合你的最佳利益。
- 删掉手机中的 Apple Pay 或 Google Pay 等快捷支付软件。
- 上班时只携带现金，不要带银行卡。

- 清除浏览器和购物网站中保存的所有银行卡信息。
- 为计划购买的物品列一张利弊对照表。
- 为抵制购买冲动，积极陈述反对意见。

请记住，我们的目标是放慢你交钱的速度，以此来对抗那些旨在促使你加速消费的种种诱惑。

练习延迟满足

此刻，我并不打算轻视你的智慧（也绝对无意小看你在对抗即时满足诱惑中所做的努力）——我知道，你已经认识到延迟满足的重要性。

然而，不得不承认，这过程确实很枯燥，不是吗？

我并不打算在这里说："看吧，我亲爱的读者，好好消化一下关于你大脑的这些信息，也许可以停止购买那些你自己都不想要的东西，开始把那些钱用来为你的退休做打算，而你的退休日期就是在21世纪里遥遥无期的某一天，好吗？"

理智上，我们明白，即时满足不过是大脑对我们玩的小把戏。我们清楚大型零售商为了利益而精心策划了这些策略来对付我们。但这并不意味着那些高腰牛仔裤因此就减少了魅力，对吧？

问题恰恰出在这里。

与其通过理论化的即时满足等概念来对你进行说教、批评或羞辱，我更愿意帮助你改变你的动机，调整你对渴望之物的看法，并使延迟满足的过程显得不那么糟糕。

听起来还不错吧？

让我们深入探讨延迟满足的难点所在。为何它对我们毫无吸引力，而即时满足为何又能如此强烈地吸引我们？我们早已确定，延迟满足在本质上就是极其枯燥无味的。在决定是否购买牛仔裤的过程中，除非世界颠倒，否则"不买"绝对不会比"买"更诱人。面对吃不吃蛋糕、健身与赖床、玩手机与清洗浴室水槽等选择时，情况也是一样。（天哪，我实在讨厌清理浴室水槽。那里仅仅是流经了肥皂和水，怎会散发出如此浓烈的异味？至于彻底清洁淋浴间，那更是别提了。）

延迟满足的另一个问题是，我们在情感上与后续的现实脱节。我们非常清楚选择即时满足会带来的所有好处，但另一种选择却显得有些……空洞。

我们可以做的是创造一个关于延迟满足的更大的故事。我们之前已经讨论过，内心的创意总监非常擅长向我们推销某件事物的未来利益，虽然这可能会让我们将各种意义转移到不那么有益的财务行为上，但我们可以利用同样的功能来培养更积极的习惯。

打破即时满足的循环可以归结为包含三个步骤的一个过程。

（1）爱上另一种结果。你需要在情感上投资延迟满足的益处，放弃即时满足，转而选择更为长远的收益。这正是设定目标的价值所在——当你被迫屈服于冲动决策时，想一想你正在努力追求的目标，或者仅仅是明白你有选择离开的自由，让这份觉知引领你的行动。

（2）消除说"不"的痛苦。拥有与未拥有——起初，未拥有某物的感觉可能令人难以忍受。然而，当我们学会消除这种痛苦，并向自己证明，即便没有那些我们渴望的物质，我们的生活依然可以是美好的（即使当下感受不到）时，我们就能自我开解，摆脱失落的情绪，摆脱对物质的高度依赖。

（3）练习，练习，再练习。你需要不断地重复这种更缓慢、更专注的决策过程，以此来重塑你的潜意识冲动。记住，习惯是一种反复执行后能够自动化完成的行为。通过足够次数的重复，你也可以将这种决策过程固化为新的行为模式。

在探讨即时满足与延迟满足的问题时，我们自然而然地会陷入一种丰富与稀缺的心态。当我们抓住一个即时满足的机会时，多巴胺便会在我们体内激增，因此我们往往将即时满足等同于"拥有"，而将延迟满足与"没有"画上等号。关键在于如何平衡这场内心的较量，使我们从"拥有"与"没有"的二元对立，转变为拥有此物也拥有彼物，这两者或许同等重要，甚至后者更具价值。

这种转变始于与你的生活、自我和财富建立更深层次的联系——这恰巧是你已经在某种程度上实践的过程。将你对即时满足的冲动，转变为对更大目标的渴望，比如一次梦寐以求的假期、财务自由、一个温馨的家，或是财富的积累……当你提升对这些目标的期望时，自然而然地，那些立即吸引你注意的事物就会逐渐降低吸引力。

研究表明，延迟满足的能力是可以通过时间逐渐培养的。在 2021 年《科学进展》（*Science Advances*）杂志上发表的一项研究中（实验对象是小鼠，为此表示歉意），研究者发现，实验对象在尝试延迟满足的过程中，随着尝试次数的增加，它们能够延迟满足的时间也越来越长。因此，尽管最初可能会感到挑战重重，但从长远来看，我们有可能不断磨炼和提高这种能力。

天哪，所以你的意思是，学会延迟满足的过程本身就是一种延迟满足的经历？我明白了，我明白了。"嘿，Siri，播放阿拉尼斯·莫里塞特（Alanis Morissette）的歌曲。"

行为排练

在此，我想要深入探讨一下排练的概念。行为排练是推动各种变革的强大工具之一，尤其在重塑财务习惯方面更是如此。原因如下。

2000 年，比利·皮珀（Billie Piper）推出了一首红遍一时的歌曲《日夜》（*Day and Night*）。事实上，此刻的我暂时停下了写作，就是为了跟随音乐跳一小段舞。我建议你也这样做。

我之所以提及这首美妙的歌曲，是因为我和一个朋友为这首歌编排了一段舞蹈，并在她的父母面前进行了表演。显然，我们并非一时兴起决定要跳舞。我们反复排练，不断完善动作，学习哪些部分容易掌握，哪些部分更具挑战，直到我们呈现出了最终的表演。

你可能会觉得，当然了，你们肯定排练了，毕竟不可能毫无准备就跳出一支完全陌生的舞蹈。

在舞蹈领域，我们都知道排练的重要性。然而，我们在习惯养成时却往往忽略了这一点。我们总是在新年前夕下定决心，明天醒来就洗心革面，彻底变成另一个人，仿佛一夜之间就能掌握完美生活的所有技能。我们会早早起床，去健身房锻炼，突然开始储蓄，而且再也不胡乱动用这些资金，因为，哎呀，我们现在完美了。

　　但就像编排舞蹈一样，我们需要逐一学习每一个步骤，然后将它们串联起来，不断排练。一旦把培养良好的财务习惯比作编排舞蹈，我们就能领悟到单独练习每个习惯，然后再整体排练的重要性。

第 20 章

基于价值观的支出

你不必停止购买自己想要的东西，但有必要停止购买自己不想要的东西。

把上面这句话再读一遍：你不必停止购买自己想要的东西，但有必要停止购买自己不想要的东西。

这就是我所提倡的价值观驱动的支出。这要求我们重塑消费习惯，终结与金钱的多年习惯性纠葛，并重新审视我们对满足感的深层理解。

真正的魔法，发生在我们重新构建财务观念，学会以尊重真我而非模仿他人的方式去消费之时。

许多关于财务的讨论都忽略了这项任务。虽然人们偶尔会提到与个人价值观相符的消费，或是建议购买能够促进自我提升、成长和发展的事物，但付诸实践远比想象中困难。首先，深入理解自己的价值观就需要通过反复思量。而基于价值观的消费之所以复杂，是因为它在一开始可能会与你刚刚努力消除的行为颇为相似。然而，两者之间的根本差异在于背后的动机和意图。

在我们深入探讨价值观驱动的消费带来的意义之前，不妨先审视几个实例，看看一次购买行为为何既可以是一种有害的、潜意识的消费，也可以是一种基于价值观的、经过深思熟虑的消费。

购物单品：一件售价 200 美元的时尚黑色连身裤。

场景一： 历经了一周的霉运，下班后本应回家的你却因地铁延误而站在寒风中，心知等到下一趟地铁到站，你将不得不与半个澳大利亚的通勤族挤作一团。你无聊地浏览着手机上的内容，偶然看到你关注的某个人晒出了自己晋升的消息。接着，你点开了一封订阅品牌的邮件，得知他们正在举办线上促销，全场商品七五折，于是你开始浏览购物网站，用以消磨等待的时间。一件漂亮的连身裤吸引了你的目光，你想象着在即将到来的某个活动中穿上它的样子。这种想象让你从糟糕的一天中暂时解脱，因此你继续浏览购物网站，因为这种体验让你感到愉悦。你不断地往购物车中添加商品（既然有七五折的折扣，何乐而不为呢）。等你回到家，几乎已经决定要下单，期待着几天后就能收到那个令人兴奋的包裹。你心中描绘着自己穿上连身裤的模样——毫无疑问，它与你现有的任何服饰都截然不同，仿佛有着魔法般的力量，对吧？晚餐后，你再次打开购物网站，对明天的上班的焦虑开始悄然爬上你的心头。为了摆脱那种糟糕的感觉，你不得不忍痛从储蓄中取出一些钱，完成了购买。交易成功，预计两天后送达。多么令人兴奋啊。尽管你感到一丝内疚，因为你曾承诺要为甲、乙或丙事件存钱，但你安慰自己，下周你将因为参与市场研究而获得 200 美元的收入，所以花掉这笔钱也没关系。

上述描述非常详尽，但我的目的是让你们洞察到购买之前每一个微妙的瞬间。

场景二：你正在因换季而整理衣橱，将羊毛衫和夹克妥善收起，为春夏装让出空间。（顺便一提，你将这些衣物打包得非常好，当你再次从储藏箱中取出它们，为新一季的到来做准备时，那种纯粹而未经掺杂的喜悦感一次又一次地涌上心头。）你一件件地审视着衣橱中的物品，对其进行评估。这段时间以来，你一直在考虑是否该添置一套新的正装，以适应你生活方式的转变。你始终从容不迫地浏览商品，保持警醒，关注着每一件衣服的款式和面料，对于你渴望的东西有了清晰的认识——而对于你不想要的，更是心中有数。你专门抽出时间，要么在线上浏览，要么在街上寻找，最终将选择范围缩小到了几个选项，其中就包括一件连身裤。在接下来的几天里，你深思熟虑，或许还亲自试穿了这些衣服，经过一夜的沉淀，看看第二天是什么感觉。你最终确定，这件连身裤是你的最爱，于是你便从你设立的衣橱换季资金中取出钱（如果你好奇，这里透露一下，我会每个月存 100 美元作为衣橱换季资金），完成了购买，将它添入了你的衣橱，这感觉简直太棒了（嗯，这就是所谓的赋能区）。

看出区别了吗？在账面上，这两笔交易看起来一模一样——都是花 200 美元购买一件连身裤。如果我们只是简单地建议"不要买新衣服"或者"永远不要为了享受而买衣服"，那就忽视了这样一个关键点：我们能够以一种深思熟虑的方式进行消费，这种方式不仅不会破坏其他财务目标，而且能够让我们摆脱那种不断渴望更多、永远感到不满足的消费循环。

那么，我们如何达到这个目标呢？我们曾经将实际购买过程视为做出更好决策的机制，但这实际上只是在解决问题，也就是让我们从负数达到了零。我们需要加上积极、主动的部分，让我们从零跃升至正数，帮助我们做出那些明智的决策。

这时，你的财务价值观就发挥作用了。基于价值观的消费近年来越来越受到关注，因为女性在个人财务中的参与度有所提高——学会如何按照自己的价值观消费是拥抱金钱最有力的方式之一。

在我们的生活中，价值观无处不在——无论是在家庭、文化、个人还是性格方面，我们都有自己的价值取向。同样，我们也可以为金钱设定价值观。

我希望，你能将自己的财务价值观视为评判不同财务行为的标准。你要确定金钱如何提升你的生活质量，以及它如何反映你真实的自我。每个人都是独一无二的，对你来说值得投资的东西，对别人来说可能显得荒谬可笑。这就是弄清楚你的财务价值观的重要性，因为没有人能告诉你该在何处花钱，不该在何处花钱。

理解自己的财务价值观并非一劳永逸的事情。你可以采取一些措施来启动这个过程，但事实上，它是一个持续的自我探索之旅。随着时间的推移，这些价值观也会发生变化，因为你自己也在不断发展。觉知到自己的变化和价值观的变化，可以帮助你用金钱来丰富生活，打破你习以为常的消费循环——这种循环可能并不会真正带来幸福。

谈及幸福，我想要暂停一下，问你一个问题。在阅读这本书的任何时刻，你是否曾有过一丝犹豫，是否曾在某一刻想过，"我真的不想放弃购物"？或者，是否有过类似的想法？请诚实地回答。

你可能在某种程度上有过这样的想法，即使它是潜意识的。因为，你已经习惯了在外界寻找快乐，通过购买物品和经历来获取快乐，而不是用这些物品和经历来增强现有的满足感。

这就是与你的财务价值观保持一致的全部意义所在。

盲目、鲁莽或情绪化的财务行为，就像是把钱往墙上扔，看看能有多少粘在墙上，是一种把情感寄托在其他事物上的行为。而与价值观一致的财务行为，则是基于深思熟虑的决策，不是盲目地掷骰子。

在网上订购一堆商品，仅仅是为了看看它们能否提升你的情绪，这并不是基于你价值观的消费——无论你如何说服自己。关键在于，如果你清楚你所购买的物品确实能提升生活品质，并且你能够长期坚持这个选择，这才是基于价值观的消费。

然而，当你试图做出这种转变时，可能会遇到一个难题：感觉上的差异。过去的消费方式可能在当下让你感到兴奋，它令人感到眩晕、冲动、刺激。而基于价值观的消费方式则更为沉稳。它不是那种给人带来大起大落体验的大剂量多巴胺。相反，它带来的是更持久、渐进的生活改善，虽然当下可能不那么刺激，但从长远来看，对你的生活有着巨大的益处。冲动的消费决策就像是玩弄你感情的人，而基于价值观的消费则是那个真正为你提供支持的伴侣。

> **任务**
>
> ### 展示与讲述
>
> 让我们通过一个"展示与讲述"的游戏，深入挖掘你的价值观。
>
> 首先，请回想那些你认为最值得的购物经验——包括物品和经历。设想你正在学校参加展示与讲述活动，你需要选择一个故事来分享，要么是最能体现你钱花得值的物品，要么是一段最难忘的经历——你会选择什么？
>
> 请你静下心来，思考这个问题，并探究背后的原因。为什么这个物品或经历会被你选中，出现在你的展示与讲述环节中？
>
> 设想有人请你分享这个物品或经历的故事。思考它带给你的感受，它的重要性何在，以及它如何曾为你的生活增添了价值，或者持续为你的生活带来价值。尝试将你的思考如意识流般记录下来，完成之后，你可以从中提炼出对你意义深远的单词。这些单词将逐渐塑造你的财务价值观。你越是思考哪些方面的消费对你的生活产生了积极的影响，就越能发现其中的共性，并将这些经验应用到你的财务管理策略和行为中。
>
> 为了给你提供一些启示，我也会分享一些我自己的例子。其中有些可能相当肤浅——确实，我们都需要这些轻松的元素，因为生活并不总是充满严肃和深意的。无论是

物质的享受还是深刻的触动，快乐可以来自方方面面。

戴森多功能美发棒

在我看来，这是日常必备之物；而在你眼中，或许显得有些矫情。准备好往下读了吗？说真的，我对这个小玩意儿情有独钟。2020 年，我在完成本职工作之余，副业也风生水起，财务状况颇为乐观。那时的我虽然疲惫不堪，但在金钱管理上，我可谓是游刃有余。

让我告诉你，戴森多功能美发棒对我而言意味着什么——它代表着自信、优雅、便捷、舒适和简约。这款产品的多功能性，能够满足我在不同场合的需求。无论我想要精心打扮成光彩夺目的模样，还是迅速吹干头发，只为迅速回去追那十年前就开始流行的剧集《金装律师》(Suits)，它都能完美应对。在打包旅行箱时，如果我对到达目的地后的发型打理毫无头绪，只需带上它，便能轻松快速地应对一切情况。相较于传统的热造型工具，它的技术更为温和，能够保护我的发质健康。它的操作快捷至极，使用起来又简便得令人难以置信。每次使用，都能让我感到一切尽在掌握，内心平静，对它充满信任。它完美适合我的发质，尽管听起来有些浅薄，但它让我能够获得更好的自我形象。

乳腺扫描

在我周围，有几位女性命运多舛，她们在 20 多岁的花样年华便被诊断出患有乳腺癌，这一消息对我来说，无异于晴天霹雳，震撼心灵。长久以来，我一直被健康焦虑所困扰，而近年来，这种焦虑更是演变成了对乳腺自我检查的深深恐惧。我的乳腺组织较为密集，加之多年来体重的起起伏伏，使得我的胸部触感与外观时常变化，有时我误以为的肿块，其实只是乳腺组织的自然形态。

因此，每隔两年，我便会投入大约 350 美元，前往墨尔本的一家乳腺诊所进行全面的检查。（如果你感兴趣，这家诊所名为 Epworth Freemasons，服务一流。）从检查到扫描，再到获取结果，所有流程都在同一天内完成。而且在许多情况下，如果有需要，你甚至可以在当天进行活检，或是向乳腺外科医生进行咨询。他们把我当作一个有焦虑情绪的正常人对待，而非像其他许多医疗专业人员那样，将我视为一个疯狂的疑病症患者。

这些扫描无疑是我所花费的最有价值的钱之一。整个过程让我感到宁静、自主、安全和放松。它给予了我巨大的支持。知道我能够定期前往那里进行检查，让我即便有时产生了令人衰弱的焦虑情绪，也能维持相对正常的生活；也让我能够将自身的健康置于首位，并不断提醒自己，健康是我们最为宝贵的资产之一。

Priority Pass 会员

多年以来，我一直是 Priority Pass 的忠实会员。这项旅行服务能让我在全球各地的机场贵宾室享受服务。每年，我为这项会员资格投入大约 200 美元，而每次使用贵宾室时，还需额外支付约 40 美元。诚然，有些年份，我可能只出行一次，这意味着我为单次贵宾室的使用支付了 240 美元。但我对此毫不介意。

贵宾室会员资格为我带来的不仅是安慰，更是一种安全感和保障。在转机期间，我能够拥有自己的私人空间和时间，偶尔还能享受一场舒缓的淋浴！这让我能够在旅途中也持续工作，享受稳定的无线网络，安稳地享用一把舒适的座椅以及丰盛的美食（大多数贵宾室都不限量提供食物和饮料）。拥有贵宾室的使用权，让我摆脱了家族几代人对于航班误点、交通拥堵和旅行延误等后勤问题的焦虑。知道我拥有这样的选择权，让我在旅途中更加镇定，对整个旅行体验有更全面的掌控。尤其是当我独自长途飞回英国时，这份会员资格对我来说价值非凡。

入住豪华酒店

在 2021 年的尾声，我预订了莫宁顿半岛（Mornington Peninsula）的角兔酒店（Jackalope Hotel），为我和我的丈夫安排了三天两晚的新年庆祝活动。若你尚未听闻这家酒店的名字，那么我必须向你介绍，它确实令人叹为观止。酒店设有令人陶醉的无边际泳池，可俯瞰葡萄园，其设计风格以哑光黑色和深邃色调为主，营造出一种神秘而迷人的氛围。你可以悠闲地躺在泳池旁的躺椅上，享受着鸡尾酒的陪伴。

这两晚的入住，仅房费便高达 3200 美元——即便如此，我仍认为这是一笔物超所值的交易。你觉得很惊讶吗？但是，毕竟，这是跨年夜的价格，对吧？

那次居住体验是我人生中最为珍视的回忆之一。酒店提供了高品质的葡萄酒和美食，服务更是无懈可击，带来了舒适、便捷和简约的美好体验。酒店的空间设计令人赞叹，我对居住于如此美丽的酒店一直抱有憧憬。事实上，在我还是个孩子的时候，我就梦想着能入住这样的酒店。其实，我最初的理想是去大学学习酒店管理专业，因为我太喜欢酒店了。

那次酒店住宿无疑是一次完美的体验。它让我们在美丽的环境中度过了宝贵的时光，而这一切都显得非常自然，并不过度。我感到安全、受欢迎，并且十分舒适。近年来，我意识到，尽管我非常欣赏美丽的地方，但我并不喜欢其中暗含的势利和排他性。在我年轻时，不知为何，我曾经欣赏过这些特质。我想，那可能是因为我曾渴望"花小钱，享贵事"，以便宜的价格进入这些地方，但又不希望别人知道这一点。这实际上反映了我当时的金钱观念！现在，我最看重的是能够在享受美丽空间的同时，不感到自卑。我喜欢那种归属感。

最后，我热爱那次酒店住宿体验，因为它给了我一个远离日常生活的机会。它像是日常生活的断电器，为我带来了重启的感觉。我喜欢在 24 小时里，或者我待在那里的任何时间内，过着完全不同的生活。离开家中的一切，在外度过一晚，让我感到焕然一新，觉得每一分钱都物有所值。

提炼你的价值观

希望你通过回想自己最珍视的消费行为，发现你的财务决策完全、彻底地反映了你的价值观。从这些行为中，我们可以

　　将你的财务行为与财务价值观紧密结合的一种极有效方法，是将每个价值观转化为具体的金钱数额。这样做可以营造一个明确的选择场景，让你深刻感受到自己行为的直接后果，从而更加有效地使用资金。还记得我们之前讨论的决策区吗？在这个区域，你可以回顾自己的价值观，并判断一次购买是否真正符合你的价值观。

　　以下以我的价值观为例。

- 50 美元如何体现我的价值观——享受一次放松的洗浴体验（我对洗浴中心情有独钟）。
- 100 美元如何体现我的价值观——享用一顿美味的餐厅大餐。
- 250 美元如何体现我的价值观——在一家高档的酒店度过半晚的费用。
- 500 美元如何体现我的价值观——前往英国旅行的单程机票费用的 1/3。

　　掌握了这些数字，我现在能够基于是否愿意为了新物品而放弃上述体验来做出决策。这种方法将你的购买选择与你的价值观紧密相连，帮助你理解花钱的真正含义。

　　这一切都是为了提供一个清晰的参考点，让大脑在做出选择时更加明确。在接下来的第四部分，我们还将探讨基于价值观的储蓄策略，并深入研究你的价值观在更广阔的财务规划中有何作用。

任务

量化你的价值观

使用你提炼的关键词，探索如何在不同的价格点体现这些价值观。50 美元如何体现你的价值观？ 100 美元如何体现你的价值观？ 1000 美元如何体现你的价值观？

第 21 章

找到你的原因

如今，我们已经深刻认识到，在金钱问题上，我们是非常情绪化的。金钱不仅仅是数字游戏——我们是人类，我们有情绪，而这些情绪往往会投射到金钱上。正如我们在第二部分所探讨的，这些情绪有时会驱使我们做出不合逻辑的行为。然而，幸运的是，有光明的一面：我们也可以借助这股情绪力量，培养良好的财务习惯，并与金钱建立起正面互动。这有多好呢？

在迈向理财高手的道路上，至关重要的一个环节就是在情感上与金钱建立联系，并理解它对我们生活的影响。虽然情绪有时会引发不良行为，但我们可以通过大脑中相同的路径，构建起对积极行为的深厚情感依托。

能否与金钱对你的意义及你渴望掌控它的原因建立深刻的情感联系，将决定你能否成为理财高手。

重塑金钱的角色定位

首先，让我们对金钱的用途有一个清晰的认识。我们要彻底摆脱那种认为金钱仅仅是维生工具的观念。我们要放下那种以为金钱只能用来购买小礼物，以抚慰我们糟糕日子后的心情的简单想法。我们要摆脱"金钱控制着我们"这一观念。

从现在开始，我期望你将金钱看作一种宝贵的资源。你掌控全局，你发号施令，你理应坐在驾驶座上。接下来，我们的任务就是为这笔资源赋予更深层次的意义。我们深知，我们围绕金钱和自我价值构建了错综复杂的故事。我们内心的创意总监一直在导演一场场精彩绝伦的戏码。是时候利用这份创造力，用它来构建金钱与我们生活之间更深层次的、有意义的联系了。

想象你的未来

在我深入探索财务心理学和行为金融学的旅程中，一项研究犹如火花般点燃了我内心的热情。这项研究似乎验证了我对财务自信所秉持的核心理念。

在这项研究中，财务心理学的研究人员提出了一个假设：帮助人们储蓄金钱，远不止于告诉他们应该做什么——他们认为，调动参与者大脑的情感区域，可以促使他们采取必要的行动，以达到更高的储蓄率。

为了验证这一假设，两组参与者分别参加了两种不同的研讨会。一场是关于储蓄重要性和为未来储备资金的财务教育研讨会。而另一场则是一场财务心理学研讨会，参与者通过想象练习来加深与财务目标之间的联系。研究者请他们携带一件充满情感意义的物品参加研讨会，以此强化他们与储蓄愿望的情感联系。有人带来了孩子的照片，有人带来了度假时的小纪念品，或是其他能够唤起他们最美好回忆的物品。

尽管两场研讨会都成功提升了参与者的储蓄率，但财务心理学研讨会的成效更为显著，这得益于参与者深深投入他们追求储蓄背后的原因中。

想象你的未来，是一种强有力的方法，它可以帮助你洞察改变习惯和财务决策的深层原因，尤其是当这些改变在当下看来似乎艰难或无望时。多项研究已经揭示，想象一段经历会引发与现实生活中体验它时相同的大脑活动，这让你能够在感官层面上与未来成果可能带来的感受之间建立联系。

借助想象进行行为排练

采用想象来激发积极行为，可能需要一点儿时间才能习惯，特别是当我们多年受到财务习惯的熏陶，以及无数刺激在不断推着我们，试图让我们从平衡木上跌落时。

当我们的选择被铺天盖地的广告和无缝衔接的购物体验所左右时，我们正与内心深处的金钱观念进行抗争，同时不断遭遇使我们将钱财轻易拱手相让的诱惑。在这种环境下，能够回想起我们真正渴望的目标，并以其作为决策的参照，这本身似乎就是一项技能。

实践这一技巧的有效方法是从确定一件你真心渴望购买的物品开始。物品是什么无关紧要，关键是要确保它是你真心向往的。接下来，在一段设定的时间内，每当你准备进行新的购

买决策时，就练习回想这件物品，以此锻炼大脑在两种选择之
间做出权衡的能力。

假设你心仪的是一双运动鞋。将这双鞋的形象深植于你的
脑海，每当你面临金钱决策时，就唤醒这个形象，并自问："我
是更想要这个，还是那个？"

这种技巧可以复制粘贴到几乎任何其他习惯的改变上。找
到你想要投入更多精力的活动，当你无意识地将手伸向手机准
备滑动屏幕时，问问自己："我是想要无意义地玩手机，还是
想要投入那项活动中？"摆脱自动驾驶模式，让每一次选择都
充满目的性，找到那个能够驱动你的"原因"。

你的财务灯塔

我曾在某处读到一句格言，自那以后它便在我脑海中留下
了深刻的印记：若不知目的地，任何道路都无法指引你前行。
这句话简直太精彩了，值得被制成车贴贴在保险杠上，因为它
太棒了，它蕴含着深远的意义。我爱死它了。

当我们对自己的目标缺乏清晰的认识时，我们几乎可以
为任何决策辩解，因为如果目的地不明确，任何道路都通向虚
无。那个你所渴望的目标，便是你的财务灯塔，它指引你向前
行进，朝着对你有价值的方向前进。

任务
在你的生活中，什么对你最重要

金钱是帮你实现你的生活愿景的资源。在这句话中，
有两个关键词："你"和"你的"。你是那个在过你自己的

生活的人，所以你与金钱的关系是专属于你的。

- 在你的生活中，你最在乎什么？
- 你最喜欢做什么事情？
- 你最喜欢什么样的感觉？
- 谁是你生命中最重要的人？
- 你什么时候感到最快乐？

　　回答这些问题，然后通过思考金钱如何增强或放大你生活中的这部分来重新审视每个答案。现在，你不一定要确定是否最终会去做、拥有那些事物，或者成为什么。在这里，你要探索的是潜在性、可能性和机会。你或许可以重新看看我在本书开头问你的问题，或者在第 161 ～ 163 页的任务专栏中你曾回答过的自我探索问题，或者在第 189 ～ 202 页中你确定的财务价值观。

构建动机：差距法

　　想象未来是建立与目标情感联系的有效手段。然而，为了将愿景转化为现实，我们需要持续的动机来培养相应的习惯。

　　在行为转变领域，有一种技术被称为动机访谈（motivational interviewing），旨在帮助个体度过不同的变化阶段，缩小当前行为与理想行为之间的差距。尽管这是一项复杂的实践，但我们仍可以借鉴其中的一些原则来构建我们改善财务习惯的动机。

　　它的核心观念是，一个人在准备改变之前需要具备四要素：愿望、能力、理由和需求。当个体能够清晰地表达出他们想要改变的愿望、具备改变的能力、明确的改变理由以及迫切的改变需求时，他们做出改变的准备程度将显著提升。请你花些时间深入思考，你目前所在的位置与你期望达到的目标之间存在的差距。回想一下，你最初选择阅读这本书的原因。再回想一下，我在一开始提出的问题——假如你明天醒来就能自信地说自己很擅长理财，你的生活将会有何不同？

任务

了解差距

　　取出你的笔记本或准备一张空白的纸。在纸张的左侧，简要记录下你目前财务方面的状况，可以是几个关键词或几句话。而在右侧，描绘出你理想中的财务状态。接下来，在这两个状态之间，我建议你完成以下四个清单的填写。

- 清单一：你为什么想要缩小这个差距。（愿望）
- 清单二：解释你为什么能够缩小这个差距。（能力）——在这里，不要害怕自我鼓励。
- 清单三：列出缩小差距的原因。（理由）
- 清单四：解释你为什么需要缩小这个差距。（需求）

　　这个练习旨在通过促进你参与"改变对话"来帮助你产生动机，并提升你对改变的准备程度。在之前的第二部分，我们已经讨论了进行关于金钱观念的自我对话的重要性。在这里探讨你改变行为模式的能力时，那些原则依然适用。

○ 第四部分

付诸实践

你的理财之道升级之旅正在稳步推进。你已经面对了你的那些有害的金钱观念，意识到了你的财务模式和计划，学会了如何重新掌控自己的消费选择，深入探索了你的财务价值观，并联结到了金钱之旅背后的动机。哇！你做得太棒了！

　　目前，你所需的是一个系统，用以维护所有这些有趣的东西。如果没有一个坚实的框架来支撑你的新知识，坚持新习惯和实现目标可能会变得挑战重重。不过，我将向你介绍一套系统，助力你真正开始让金钱为你工作，获得具体的成果。

第 22 章

主动且有目的地进行金钱管理

长期以来，我在财务管理上总是处于被动状态。我处理金钱的每一次举动几乎都是为了修正错误，撤销刚刚做出的决策，平衡无节制的消费，或是急匆匆地拼凑出所需的开支。我很少，甚至从未真正主动地去管理我的财务——除了设定那些只能让我感到彻底失败的虚幻预算。

被动的财务管理就像是去超市购物却没有清单。没有购物清单，你将如何购物？你可能会被特价商品吸引，试图在脑海中临时拼凑出菜单，或许能找到一个核心食材，然后围绕它构建一顿饭，但不可避免地会遗漏某些必需品。（颇具讽刺意味的是，在我变得擅长理财之前，我也经常不按清单去购物。但我最终发现，有目的性的行为对生活的多个领域都有积极影响。）

以这种方式运行整个财务体系真的很容易，你被偶遇的每一件事所牵引，纯凭感觉花钱，对出现的欲望和需求做出即时反应，不花时间去深思熟虑这些决策的后果，最终当这一切累积成巨大问题时，你又感到大为震惊。

　　主动参与财务管理，意味着在资金流出之前，你有意识地决定它们的去向。这要求你将金钱视为一项资源，并将其精心部署到生活中需要它的各个领域，无论是满足基本生活需求，体现你的价值观，还是享受你的生活方式。这就像手持清单去超市购物一样。你策略清晰，穿行于货架间，挑选出事先计划好的本周食材，清楚你的选择将带来何种结果，并且明白你已经安排好了所有决策如何协同工作。

　　这是关于优先考虑对你至关重要的事项，有时为了给更重要的目标腾出资金，你需要学会说"不"。这表现为对未来有所预见，了解什么对你至关重要，并如何调整你的财务行为以与之保持一致。这是将你的收入视为可供调配的资源———一种你能够掌控的资源。

　　主动的财务参与也意味着对你生活的全貌、你的日常习惯、你的需求以及你如何管理、缓解风险与不可预见事件，都有清晰的认识。本质上，这是对金钱的一种直觉性理解，以及做出决策、识别你方法中的缺陷并在前进中修正错误的能力。

金钱管理的基本原则

　　在这里，我希望能让你理解理财之道的含义，从而帮你调整并采用最适合你的策略。我不打算为你提供一个千篇一律的预算体系，或者规定你应该将你的钱按照某个固定的比例分配给甲、乙或丙。我更倾向于帮助你掌握和内化管理财务的基础原则，使其成为你的第二天性。

对于一些人来说（尤其是初学者），即插即用的系统可能颇为有效，比如能够指导你在娱乐上花费多少的电子表格，或是 50/30/20 预算规则系统（将收入的 50% 用于必需品，30% 用于愿望，20% 用于储蓄）。我明白，有些人可能觉得直接获得明确的指导会更加轻松。

然而，我发现这类系统的问题在于，不能让你在没有它们的情况下独立管理财务。一旦遇到不符合系统规则的情况，就可能会破坏整个财务生态，使其陷入混乱。

因此，我们的目标是探讨理财的原则，这样你就可以从中挑选出对你有意义的建议，并将其融入你的生活情境。

什么是金钱管理

无论是称作金钱管理、预算制订、支出规划，还是财务体系，这些术语归根结底都在讲述同一件事情。金钱管理的核心在于指引你的资金流向，同时赋予自己安排现在与未来资源的能力。就是这么简单。

当你着手管理金钱和做预算时，你实际上在执行什么操作？

金钱管理涉及将你的资金分散投放到生活的各个层面。一部分发生在当前，比如支付固定的生活开销和购买日常必需品。另一部分则是一个长期过程，比如为不确定的未来或设定的目标储备资金。

我是否真的需要一份预算？

是的。在与金钱相关的众多问题中，这是少数几个我能毫不犹豫用一个词回答的问题之一。是的，你需要一份预算。但预算绝不应该是枯燥无味的。我们将探讨如何构建一个能让你深深爱上的财务生态系统。诚挚地说，你可能会对这个系统产生更深的喜爱，而非辛辣的玛格丽特鸡尾酒的第一口或心仪电视剧集新一季的发布。

走出预算误区

我不能花钱

简直是胡言乱语，这种说法大错特错。你可以在任何你心仪的事物上消费，只要你的支出是有目的性和经过深思熟虑的。你完全可以为你的任何"嗜好"留出资金——预算或财务生态系统只是为这些支出提供一个结构化的规划。

这太拘束了

又错了！金钱管理并不意味着束缚。你只是在指引你的资金流向，为自己的生活提供便利。实际上，比起每周一都要重启财务计划，合理的预算反而会让你感受到更少的限制。

我必须追踪每一分钱的去向

绝对不是这样。如果真是这样，我就不会写这本书了。我讨厌追踪每一分钱的去向。偶尔追踪一下确实可以帮助你了解钱的流向，但你绝对不需要一直这么干。实际上，你越擅长理财，就越不需要追踪每一分钱的去向。

没有预算，生活更愉快

我完全理解你为什么会这么想，因为摆脱规则，随心所欲地生活，确实会让你感到有趣、自由和叛逆。但我要向你保证，当你把财务管理系统调整得当（就像我们现在要做的那样），你的生活会变得更加愉快，同时也会感到自己对金钱更有控制力。

我会成为那个精打细算的扫兴朋友

有预算和精打细算是不同的。相信我，有预算并不意味着你必须变成一个扫兴的朋友。如果你有足够的钱，你可以设立高达100万美元的预算——而不仅仅是在小额资金上精打细算和削减开支。它只是你收入时资金流向的路线图，为你提供一个参考点，以指导你的行为。

Good with Money

第 23 章

你的财务生态系统：理财方法

来吧，让我们携手打造，精心构建一套财务生态系统，它将融合你的理财习惯，让学会并保持理财之道变得毫不费力。

自上而下的财务管理策略

我们的理财生态系统采纳了一种自上而下的财务管理策略。这意味着，每当资金流入，它们就像会悬浮在我们头顶，形成一片虚拟云层，等待我们根据不同需求将其分配。我们构建的财务生态系统的宗旨，就是为这种分配过程建立一套标准化流程。资金将首先汇聚到我们头顶上的"云"，随后我们将按类别有序地分配它们，涵盖账单支付、日常消费、储蓄投资等方面。

在我掌握理财之道前，领到薪水后……嗯，我几乎无所作为。领了工资，我就继续过我无忧无虑的生活。我的钱虽然进入了那片虚拟云层，但我却任其慢慢流失，直到账户空空如也。

将自上而下的财务管理想象成一张流程图（见图 23-1），这将大大有助于你的财务规划。金钱管理之旅从顶端启程，随后你将其引导至下一阶段——支出与储蓄。在支出层面，你可以进一步将其划分为必要支出，如房租或按揭、日常账单和食品杂货，同时也包括一些灵活性较大的可自由支配支出。而在储蓄方面，你可以将其细分为多个不同的储蓄目标，以及可能短期内会动用的资金。

图　23-1

面对待偿还的债务或须处理的先买后付余额，不必焦虑。这个财务生态系统绝对也能为你所用。现在，跟随我一步步操作，并且我将在第 240 ～ 242 页的专栏中详细指导你如何将债务偿还计划融入这个系统之中。

接下来，我们先共同逐步打造你的个人财务生态系统。

第1步：优先考虑必要支出

我们的首要目标是合理划分总收入为"支出"与"储蓄"两大块。为了精准操作，我们必须首先明确哪些是不可或缺的必要支出。这将构成我们支出类别下的首要分类。

为了达成这一目标，我们将使用一项名为"支出优化"的技术。

良好的财务管理系统能帮助我们更好地管理思维。我们知道大脑容易冲动，我们渴望即时的满足感，这就是为什么我们希望设置一个尽可能简单易行、不容易出错的财务管理系统。

其中重要的一环就是支出优化。对我来说，这一环完全改变了游戏规则，这也是我鼓励人们掌握的最重要技巧之一。

通过优化，你能将你的支出浓缩为一笔标准化的费用。这样，每次领薪水时，需要支出的金额都是一样的，这让你更容易掌控，因为你知道每次工资一到账，你首先要做的就是支付那个固定的金额。例如，如果你每周领工资，但你的房租是按月支付，你就要在每个周的发薪日存下一笔固定金额，以确保月底时你有足够的房租资金。

对于较大的开销，这一原则同样适用。假设你的车辆注册费为每年 800 美元，且缴费期限定在 8 月，那么你应当在每次领到薪水时，预先留出一部分资金，如此一来，当 8 月来临时，你便不会为了这笔费用而手忙脚乱。在个人理财的术语中，这通常被称作"偿债基金"（sinking fund）。

支出优化对于提升你对金钱的管理感极为有效。它不仅让你在积极储备资金以应对未来开销时，感到对财务更大的掌控感，避免在账单的偿还期限迫在眉睫时感到焦虑，还能助你做出更为明智的财务决策。当你清楚自己的核心支出与收入之间的关系时，你将能更有效地决定哪些开销是必要的，如购车、租房 / 还贷、度假等，并且更能把握如何将这些选择与你的整体财务蓝图相结合。

如何优化你的日常开支

首先，梳理出你所有的固定开销——这些是金额恒定的支出，例如房租或话费。详细列出每一笔固定开销及其支付周期。

例如：

- 房租，每周 300 美元。
- 手机话费，每月 40 美元。
- Netflix 订阅费，每月 15 美元。
- 健身房会员费，每月 70 美元。

接下来，罗列你的可变支出——这些支出因使用情况而异，如汽油费、电费、煤气费、日用品等。对于这些可变支出，你需要做出大致估算。你可以回顾过去 3 个月的支出情况，以此来形成一个大致的支出概览。

例如：

- 日用品费用，大约每周 100 美元。
- 汽油费，大约每周 50 美元。
- 电费，大约每季度 400 美元。

温馨提示： 在进行这项工作时，逐一审视这些开销，确保你没有让资金无谓流失，或为不常使用的服务过度付费。同时，探究是否有更经济的选择，这将大大有助于你的财务管理。

接下来是进行数学计算的时候了。你需要计算出每一项开销的全年累计总额是多少。

方法如下：

- 对于每周的支出，将其乘以 52。

- 对于每两周一次的费用，将其乘以 26。
- 对于每月的支出，将其乘以 12。
- 对于每 4 周 1 次的费用（例如，每 4 个星期五支付 1 次），将其乘以 13。
- 对于季度支出，将其乘以 4。

然后，将固定支出和可变支出的年度总额加起来。这就是你全年的支出总额。为了应对可能的任何变动，可以增加 5 到 10 个百分点的缓冲金额。

然后，你需要再次细分此金额，以匹配你的薪酬发放频率。

- 如果你按月领薪，你每年将有 12 个发薪日。
- 如果你每周领工资，你每年将有 52 个发薪日。
- 如果你每两周领 1 次工资，你每年将有 26 个发薪日。
- 如果你每 4 周领一次工资，例如每 4 个星期五，你每年将有 13 个发薪日。

遵循上述指南，将你的年度支出总额除以你一年内的发薪日总数。砰！你就得到了一个优化后的支出总额。

每次领到薪水时，精准地留出确切的金额，你便能确保账单和必需的开支始终得到优先处理。

温馨提示：将这部分资金转入一个独立账户，以确保资金专款专用，避免与日常现金流混淆。

如何设立偿债基金

偿债基金的设立适用于各种场合，无论是汽车注册费用，还是泰勒·斯威夫特（Taylor Swift）即将到来的演唱会门票，任何需要一次性缴清的款项都适用。就像处理每月账单一样，我们可以将这些一次性费用进行分摊，从每次领到的薪水中匀出一部分等额的资金，存入专门的账户中，以便届时支付。

首先，明确你需要支付的总金额。对于不确定具体数额的费用，比如汽车的年度保养费用，你可以做一个预估，一般来说，宁可选择高估也不要选择低估。毕竟，多存一点儿钱，对你来说不过是多了一笔小金库，宝贝，我们总会喜欢这样的缓冲区。

以车辆注册费为例，假设每年须支付 800 美元。计算从现在到下次缴费日之间的发薪日总数。如果缴费截止日期是 12 月 21 日，而现在是 5 月 11 日，且你每周领取薪水，那么距离下次缴费还有 34 个发薪日。

用 800 美元除以 34，得出每周需要存储的金额为 23.53 美元。如此一来，到了 12 月 21 日，你就能轻松积攒足够的资金来支付车辆注册费。

过了 12 月 21 日，你可以重新规划你的偿债基金，将 800 美元除以全年的 52 个发薪日，这意味着为了应对下一年的费用，你只需每周存入 15.38 美元即可，如此循环往复。

在财务管理方面，偿债基金不仅是一种卓越的理财数学工具，还能显著改善你与金钱的关系。一旦你确保自己有能力承担即将到来的开支，就能用真正属于自己的资金稳步前行，而非总在不断"偷"自己的钱来勉强度日。你可以根据个人偏好来管理偿债基金，比如选择设立一个统一的账户来存放所有项目的资金，或者为每个特定项目单独开设一个账户。

　　这正是你的财务生态系统在完成第一步后的崭新面貌。资金已经入账，而在处理其他事务之前，你已经巧妙地划拨了用于覆盖基本生活开支的资金，并且精简优化了操作流程，确保在每个发薪日都能够轻松地复现这一操作（见图 23-2）。

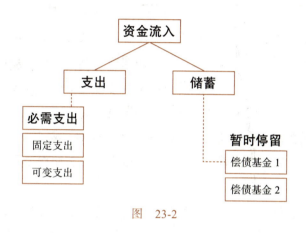

图　23-2

第 2 步：确定可支配总额

　　接下来，你须将总收入减去我们在第一步中精简出来的各项开支。假设你的月收入为 3000 美元，而你计算得出的固定支出、可变支出以及偿债基金的总数为 1500 美元。这样，你就有了 1500 美元的可支配资金，我们将这个数字定义为"可支配总额"。这个总额是在扣除日常开支后剩余的金额，可以用于消费和储蓄。

　　温馨提示：可支配总额是财务生态系统中最为强大的数字，因为它代表你的收入与支出之间的差额。若你需要增强财务能力，无论是出于何种原因，你都需要考虑增加收入或降低开支，目的只有一个——扩大你的收入与支出之间的差距。

第 3 步：先付钱给自己

接下来，我们的关注焦点是充实储蓄环节。在理财过程中，我们常犯的一个重大错误就是手里有钱的时候忘了存钱，直到金钱如水般流走。记不清有多少次，我曾信誓旦旦地要在月底存下剩余的金钱，结果却无疾而终。剧透警告：如果我们没有在分配可支配支出之前将储蓄设为优先事项，就无法存下剩余的钱。这就是为什么我们需要先付钱给自己。

现在，我们已经划拨了必要支出，明确了我们的可支配总额，接下来要做的就是决定这些资金在消费和储蓄之间的分配比例。

在这种金钱观念下，我们很容易过于乐观，说我们会把几乎所有钱都存起来，生活基本完全不需要花钱。然而，这种过于自信和过度承诺往往是失败的导火索，也可能导致本书前面章节中所讨论的那种螺旋式下降和自我破坏行为。我们应该尝试不同的消费与储蓄比例，直到找到一种既实际又能持续执行的方式（并且随着时间的推移，有必要对其继续进行调整和监控）。

这时，我们需要仔细考虑一下非必需但有助于提高生活质量的开支额度，以及你希望日常能够使用的资金量。如果我们的可支配总额是 1000 美元，不同的分配比例将如何影响我们每周的活动选择？这些数值与我们当前的实际支出相比，又如何呢？

完全可以从小额开始，逐步往上提升。相对而言，我更建议你从每月储蓄 100 美元做起，随后通过应用前文探讨过的那些有意识的消费策略，逐渐增加储蓄额，而不是一开始就"全力以赴"，试图最大限度地存钱，最终导致自己筋疲力尽。

调整可支配总额，直到你确定了自己愿意分配给储蓄渠道的金额。接着，从你的可支配总额中减去这一部分。剩余的金额便是你可以分配给消费渠道的数目。

如果收入不稳定

如果你每周的收入不稳定，可能会导致理财之道生态系统变得较为复杂，但并不是无法运转的。鉴于每个人的具体情况各不相同，本书难以提供某种单一的方法，但如果你面临着收入不稳定的问题，这里有两种策略可供你尝试。

备选策略 1：百分比分配法

百分比分配法沿用了我们针对固定收入人群讨论的四阶段流程，但有所不同的是，这里你将根据收入的比例而非固定金额来进行分配。例如，你可以这样构建你的财务生态系统。

收入到账。60% 的收入用于覆盖账单、日常开支和偿债基金，15% 转入你的储蓄账户，剩余的 25% 划归消费预算。每个月末或季度末，你可以将多出来的任何款项视为对自己的奖励，将其自由分配到消费和储蓄渠道中。

备选策略 2：平均基准法

如果你的收入不稳定但整体起伏不大，平均基准法是一种有效的方法。此方法需要你计算过去 3 个月收入的平均值，尝试设定一个保守的标准收入值，以此作为你的"基准"金额。利用这一基准，你可以像那些拥有稳定收入

> 的人一样，对生态系统进行规划，并为超出基准的收入设置一个溢出区。随后，你可以定期将这些额外资金分配给消费和储蓄渠道。

第 4 步：将"消费"和"储蓄"渠道分开

接下来，我们需要为这两部分资金赋予明确的使命。在此引入一个概念：区隔化管理（compartmentalisation）。

通过对资金进行精细的区隔化管理，你可以在预算中随心所欲地构建你想要的内容——这正是财务管理变得趣味横生的起点。在这样的系统中，你享有将喜爱的事物纳入其中的自由，因此，资金管理绝不会再过分单调或拘束。

这一切都围绕着你的目标。这意味着你可以根据自己的生活模式，打造一个量身定制的财务生态系统，确保自己能够无忧应对一切重要的开销。

然而，这也要求你进行一番优先级排序。我们之前已经探讨过财务优先级和价值观，现在，正是将这些理念具体化到你的财务管理中的时候了。你应当以符合个人价值观和思维习惯的方式，对资金进行有序的区隔化管理。

图 23-3 是你构建消费与储蓄渠道时，财务生态系统可能呈现的样子。

我们要做的是将资金分割成若干个小部分，分别放入不同的"隔间"，以便于分配给各种不同的用途。通常，我们会这样处理储蓄，而在支出方面则做得不够。下面展示的是这一策略在储蓄与支出两方面的具体应用场景。

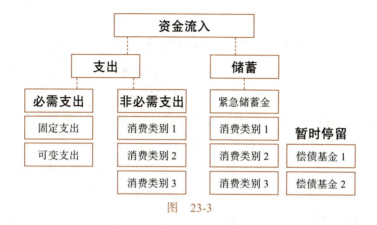

图　23-3

消费类别示例

- 自由消费资金——专用于小额非必需品，比如咖啡或下午茶中的可颂面包。

- 个人护理与美容资金——为美容护理和护肤品预留的专项资金。

- 外出就餐预算——喜欢外出就餐吗？你可以为它设置专项预算。

- 小小幸福基金——每月预留的愉悦资金，适时给自己一点儿小奖励。

- 健康与健身投入——为身心健康、运动和保健预留的必要支出。

- 心理健康资金——我们需要一笔心理治疗资金，姑娘们，这是真的。

- 奢侈品享受——那些让你感受到极致奢华的物品，你值得拥有。

合理安排消费分类，体现你的优先事项与生活价值观。将这些分类巧妙融入你的预算规划中，如同管理账单一般。例如，如果你定期进行价值 70 美元的美甲护理，那么年度开销将达到 960 美元。若你每周领取一次薪水，不妨每周预留 18.46 美元，确保覆盖美甲费用。

你可以选择将所有消费资金集中管理，通过电子表格等工具手动记录每笔支出。或者，为了更精细的管理，你可以将不同类别的资金分别存入独立账户。此外，银行或金融机构可能会提供交易主题分类服务，这将大大简化你的资金管理过程。

对发薪日保持中立态度

我即将抛出一个可能会彻底颠覆你理财观念的真相炸弹。准备好了吗？

其实，在发薪日，你拥有的钱并不比其他任何一天多。

我理解，发薪日时的感觉确实不一样，而且从数字上看，你在发薪日的账户余额也真的有所增加。但在我提倡的个人理财策略中，强调的是对发薪日保持中立态度。你应该将资金均匀分布在整个薪酬周期内，使得发薪日的作用仅仅是补充系统中循环的资金。你应该努力做到，无论是不是发薪日，你的理财习惯和消费观念都要保持一致。

达成这一目标的有效途径是建立一套针对发薪日的标准化流程。你可以根据自己与银行或金融机构的设置，选择自动或手动执行这一流程。选择权完全在你手中。

当你的资金汇入那片"财务云"时，它们会被分配到不同的分类中，流入各自的资金池，静静地等待你在需要时调用。

在讨论预算管理时，发薪日的频率常常成为争议的焦点。许多人觉得，相比于周薪制，月薪制更难以掌控。然而，如果你对发薪日采纳了中立态度，这两种制度在理财上其实并无差异。

设想你每月领取薪水，税后收入为 4000 美元。你已计算出每月的固定开支为 2000 美元，计划存入储蓄账户 600 美元，这样你就剩下 1400 美元可供自由支配。如果你留下这 1400 美元随时准备应对消费，那么，让它撑到下个月的发薪日将是一大挑战，尤其是考虑到你在第二部分中学到的知识——我们的原始大脑并不擅长积累资源。作为替代方案，你可以选择将这笔钱分批分配，逐周"释放"给自己。你可以设置一个自动转账，在每周一将等额的资金转入你的消费账户，这样你就能明确掌握本周的可用资金。

这种方法让你能够有效地自主选择领薪的频率。即使你是月薪制，但如果你更倾向于每周管理财务，那么完全可以实现！大胆尝试吧！如果你发现每两周领取一次薪水更为合适，那么你可以选择在月初转一半的剩余资金给自己的特定账户，然后在两周后转另外一半。

我个人的做法是将消费资金存放在一个"工资暂存"账户中，设置在每周一早上 6 点自动转账，以此作为我每周的自由支配支出。对我来说，这一策略是提升理财能力和财务自信的巨大转折点。它通过为消费价格赋予实际的生活背景，帮助我做出更加明智的财务决策。这也意味着我可以在每月初一次性规划资金，同时确保它们能够均匀地分布在整个月度周期中。

区隔化储蓄的重要性

对储蓄进行区隔化管理同样关键，因为这有助于我们建立起必要的情感联系，从而持续保持储蓄的动力。若将所有储蓄集中在一个账户中，可能难以在潜意识中形成深刻的联系，不利于引导你的行为向正确的方向前进。将储蓄细分为应急基金、度假基金、首套房基金、戴森多功能美发棒基金（心动了吧）或其他任何你心仪的项目，能够帮助你随着时间的推移见证自己的成长，感觉自己正朝着明确的目标迈进。

我们应该精心制订预算，尊重每一笔账单，同样，也应该给储蓄以同等的重视。在我们之前提到的消费和储蓄分开的基础上，将你的储蓄部分分成不同的类别，并在发薪日将一定金额转入每个储蓄账户。这样，储蓄就得到了保障，你也可以自由地过上最好的生活。

我应该为什么而储蓄，以及我应该储蓄多少

我们之前已经稍微谈论了储蓄的实际目的，以及我们的财务视窗和与金钱的情感关系如何实际上阻碍我们理解储蓄的意义。

储蓄的本质，是将你当前生活中的收入盈余转移到未来的某个时期。因此，在决定储蓄的目的时，你需要思考在未来的哪些生活阶段，你可能会需要动用这些积累的盈余。

应急基金

在我们的储蓄类别中，最无趣而影响力最大的一类是应急基金。这就是那种老话所说的"雨天基金"，你可能早就意识到其重要性，却始终未能付诸行动。应急基金的存在，不仅能为生活中的突发事件提供财务保障，更重要的是，它能给你心理上的安宁——你知道，即使未来风云突变，你也早已做好准备。

应急基金的规模取决于你的生活模式和所承担的责任，它会随着你生活境遇的变迁而同步增长。思考一下，你需要什么来维持日常的生活和工作？你的应急基金金额应当与这些需求相匹配，理想的情况是，你应当努力积累一笔储蓄，足以覆盖几个月的基本生活开销。这样一来，如果你生病了，遇到了个人或家庭的紧急情况，或者意外失业，都能有一层经济缓冲，帮助你顺利渡过难关。因此，计算出你的最低生活成本至关重要。平时，你或许每月花费 3000 美元，但在危急时刻，如果你能大幅削减开支，这笔资金就能支撑你更长久。

当然，你也应当思考哪些紧急情况可能需要你提前做好储蓄准备。如果你工作中离不开汽车，那么确保有足够的资金应对汽车维修，甚至是更换一辆新车（这取决于你的车的已使用时间），无疑是值得追求的目标。反之，如果你的生活不依赖汽车，那么车辆报废的问题就显得不那么紧迫了。再来看看笔记本电脑一类的物品，你是否依赖台式电脑或笔记本电脑来工作或经营业务？如果是，那么不慎将水洒在电脑上可能意味着你需要短时间内拿出大约 1500 美元。而如果你的电子设备仅用于休闲娱乐，那么紧急程度自然就降低了。

不幸的是，我们很难为每一种可能发生的情况做好万全准备，但应急基金再少也比没有强。不必因需要立刻储蓄 6 个月的生活费用而感到不知所措。从现在开始，只需将你收入的一小部分划入应急储蓄，便是在正确道路上迈出的重要一步。随着时间的推移，这些小额积累将逐渐增多。

我多么希望我能早点儿开始建立应急基金。我必须承认，即便在收入较低的阶段，大部分时候我也可以设法存下一些小钱，比如每周 20 美元。如果我从 21 岁到 24 岁的 3 年间，每周都坚持存下 20 美元，就能拥有累积超过 3000 美元的储蓄。在当时，这笔钱足以覆盖两到三个月的房租。

基于价值观的储蓄

在第三部分，我们探讨了基于价值观的消费，同样的逻辑也可以延伸到储蓄行为。你在阅读本书第 189 ～ 202 页时所识别出的自己的价值观，有助于你设定储蓄分类，确保将你的储蓄活动与你认为重要的人生目标联系起来。

美妙的梦想与机遇

好了，让我们转而探讨一些不那么沉重、更有趣的话题。我常将这么一句话挂在嘴边，我多么希望早点儿明白一个道理：在明确金钱的用途之前，应该先将其存下来。这个原则在这里同样适用。曾经，在成长的道路上，我从未清晰知道自己想要从生活中获得什么。如今，我已步入 32 岁，给你上一堂人生课吧：生活中充满了能带来欢乐与探险的机遇，只要你让自己处于能够抓住它们的位置。

有些人一出生就处于这个位置，如果你不是其中的一员，可能会感到非常沮丧。但是，只要你早点儿开始储蓄，哪怕只是存下收入的 1% 到 5%，就能更快地为自己创造抓住这些机遇的条件。你的目标是为自己提供选择的空间。有了储蓄，你就能够做出以下选择。

- 选择一份薪水较低但自己更加热爱的工作。
- 选择在遇到机票特价销售时立刻开启一段旅程。
- 选择一场说走就走的冒险来庆祝生活中的重要时刻。
- 选择离开不满意的工作、关系或居住环境。
- 选择兼职创业，追逐自己的梦想。
- 选择搬到另一个城市甚至国家，开启全新生活。
- 选择在需要时，为自己提供一切（包括空间、时间、关怀和资源）。

设想你找到了一份新工作，在结束旧工作与开始新工作之间有两周的假期。或许你有过这样的经历吧——至少我有。我曾想，在新工作开始之前，如果能去一个温暖的地方放松一下该有多好？但事实是，我无法成行，因为我没有足够的储蓄。

拥有一定的资金储备，可以让你抓住那些稍纵即逝的机遇，否则你甚至不会去想象这些可能性。

摆脱糟糕的局面

前面简单提及了这个话题，现在我想深入探讨一下，为什么为摆脱糟糕局面而储备资金至关重要。这可能涉及摆脱一段不健康的关系、一份不适合的工作、一个不愉快的地方，甚至是你人生中的一个时期。我衷心希望没有人会因为金钱的束缚而感到无助。个人储蓄可以为你提供逃离的力量。拥有一笔完全属于你自己的资金（而不是与伴侣共同持有）可能是你摆脱险境的救命稻草。有些人戏称这种资金为"跑路基金"，因为它能够让你毫不犹豫地结束一段关系，无须找到新工作就能辞职，或者在必要时刻，它能支撑你搬往新的城市、小镇，甚至是异国他乡。

享受假期

谁不喜欢度假呢？在理财得法的生活中，为旅行和假期设立专项储蓄，无疑是明智之举。我们常常在财务状况尚未稳固时就急于预订行程，或者通过向自己借款、使用信用卡或先买后付服务来逃避即时的财务责任。然而，没有什么比全额支付假期费用的感觉更美好了。

重大购物规划

在面临购置大型商品（例如汽车）的需求时，能够立即动用的储蓄资金无疑是理想之选。从每次收到的薪水中提取一部分金额，存入为这类昂贵商品准备的专项储蓄账户，可以帮助你积累动力，为所有其他支出提供参照，并做出更明智的决策。

购房

随着房价不断攀升，攒够房屋首付似乎越来越遥不可及，为购房而存钱这一话题因此变得颇具争议。从储蓄的角度来看，若要积攒数万乃至数十万美元，最可靠的盟友便是时间。尽早开始储蓄，哪怕你尚未考虑置业的计划，情况也会变好。

若你在职业生涯初期与父母同住，你就有机会存下比独自生活更多的钱。即使你打算在购房前租房或旅行，提前为首付存下一部分收入，也能在生活成本上升之前，为你提供一个不可思议的领先优势。每周存下 200 美元，5 年下来就是 50 000 美元——即使这笔钱最终没有用于购房，也无须担忧。当你开始思考自己的未来时，就会发现这笔资金将成为你的一大助力。

娱乐资金 / 挥霍储蓄 / 犒赏基金

顾名思义，娱乐资金就是用于娱乐的钱！你或许曾听闻人们提及他们的"挥霍"储蓄，这一预算类别因斯科特·佩普（Scott Pape）的畅销书《赤脚投资者》（*The Barefoot Investor*）而广为人知，它为你的财务版图增添了一抹亮色。娱乐资金 / 挥霍储蓄 / 犒赏基金（你可以随意命名）的存在，能让你随心所欲地消费，同时不影响你的储蓄计划或日常预算。这与将娱乐费用直接计入日常开支有所不同，因为这一储蓄类别更倾向于那些不常发生但金额较大的娱乐消费。

你可以利用这笔资金来尽情享受生活中的美好时光，或者根据你的消费偏好来设定更具体的用途。如果你倾向于用高品质的护肤品、时尚服饰或精美配饰来奖励自己，可能会倾向于将这笔资金专门用于这些品类。当然，你也可以选择让这笔储蓄保持灵活性，用于更广泛的生活享受。

发挥你的区隔化创意

在资金的区隔化管理上，你可以尽可能地发挥创意。事实上，你的创意越是天马行空，越能发挥作用。因为那些富有创意的储蓄目标和分类，能够有效建立你与财务目标之间至关重要的情感联系。

在当下，许多银行和金融机构都提供了账户自定义命名功能，这让你有机会为自己的资金管理编织一个独特的故事。你可以设立一个名为"跑路基金"的账户，帮你有朝一日摆脱讨厌的工作；或者创建一个"伊维萨海滩宝贝"账户，专用于积累旅行基金；又或者是一个"富婆"账户，用于存储购买奢侈品的资金。你完全可以随心所欲地设置账户名称！

第 5 步：许可、容错空间、自主性和简易性

构建健全财务生态系统的最后环节，是审视你的资金流向，并确保你为成功做好了准备。

财务生态系统失败的一个常见原因，在于它们往往不切实际，或者未能考虑到我们是有情感和情绪的人类。在我观察到的资金管理系统中，最常缺失的几个要素是：许可、容错空间、自主性和简易性。将这些要素融入我们的财务生态系统，能够更好地契合我们的人性特质，使我们保持动力，让我们在系统中顺利运作，而不是与之对抗。

许可的本质在于让你感受到资金管理系统在自己的掌控之下。这种许可让你成为系统的积极参与者，并赋予你相应的回

报，让你不觉得自己仅仅是机械地遵循一系列限制性的规定。

　　根据你的价值观来划分储蓄类别，是一种赋予自己许可的方式，拥有一定额度的自由支配支出同样如此，为那些只有你自己理解其意义的事情存钱亦是如此。以我自己为例，我每月为接睫毛预留的资金，就是一项只有我认为很重要的支出。我清楚，账单已付，一切都在掌控之中，我将这件事置于优先位置，确保它对我的生活有益。每次预约接睫毛服务时，我都知道，不论那星期我的生活或财务状况如何变动，专项资金都已做好准备。

　　缺失了这种许可，就很容易陷入我称之为"叛逆消费"的圈套：这种消费模式起始于预算超支，随后不断升级，个体继续购买远超出最初预算范围的物品。当我们设定了过高的期望，或者未能建立应对错误和失误的机制时，我们便格外容易陷入这种消费陷阱。

　　此时就需要引入"容错空间"这一概念。用更贴切的词来描述，容错空间可以说是对失败的宽容。当你花费超过计划，或者生活给你设置了障碍，或是即便竭尽全力，财务生态系统仍显不足时，它便如同安全网一般，将你稳妥地承接。

　　在你的财务生态系统中构建容错空间，就像是在设立一个"哎呀糟糕"基金，用以应对那些已经超出预算的冲动消费；或者在资金分配中预留一定的缓冲区，能够在你不慎失误时提供必要的支持。

　　自主性是人类习以为常的一部分，将其融入你的财务生态系统中，能释放出巨大的能量。自主性意味着允许个人按照自己的价值观和兴趣行事，这正是我们的生态系统自动所做之事。它让我们能够构建对自己至关重要的事项，并赋予我们在需要或希望做出改变时灵活调整的空间。我们对财务生态系统越熟悉，自主性就会越强。

最后一个关键要素是简易性。你期望财务生态系统运行顺畅、操作简便，最终成为你的第二天性。你希望达到一种境界，那就是无法想象用其他方式来管理你的资金。要让财务生态系统变得简易，最佳的方式就是将它设计得让你几乎无法出错。

以下是实现这一目标的一些具体策略。

自动转账的魅力

从心理学视角来看，如果某种行为已经成为既定现状，我们往往更倾向于继续这一行为。在那些采用非强制性退休金制度的地域，有关退休储蓄的研究揭示了这样一个现象：相较于询问人们是否愿意加入退休储蓄计划，默认自动加入（同时也提供"退出"选项）的方式能促使更多人积极为退休基金储蓄。

将这一逻辑延伸至储蓄和财务体系，当我们把理想的行为设定为默认选项时，我们更可能会采取行动而不是放弃。这完全是为了让我们更容易坚持正确的做法——让期望的行为变得简单，让不期望的行为变得困难。在这种情境下，持续储蓄显然比费心去关闭自动转账或取回资金要容易得多。

让资金在发薪日自动流入，继而又自动分配到你所选择的类别中，这种机制比手动操作更能帮助你坚持计划。为了进一步强化这一机制，可以将那些你不想轻易动用的储蓄放在较难触及的地方。金钱一旦容易被获取，诱惑也就随之而来。但如果你将部分储蓄存放在另一家银行或金融机构，这样不能每天都看到余额，那么就有助于你更好地利用我们的自然现状认知偏差。

四舍五入储蓄策略

目前，不少银行或应用程序提供了四舍五入功能，它能将每笔交易金额上调至最接近的整数（有时还会额外增加特定的金额），将这些额外资金自动存下来或开展投资。这无疑是实现我们的期望行为自动化的又一佳例，它与我们的习惯性思维模式完美契合。启用这一功能后，你的储蓄将悄无声息地累积，这正是奇迹发生的地方。

使用四舍五入储蓄功能，你会迅速适应交易金额比平常略高的变化，并且在不费吹灰之力的情况下，目睹储蓄额的稳步增长。我个人将四舍五入设置为了最接近的整数再加上 3 美元。如今，仅通过在日常消费时刷卡，我每个月就能额外存下大约 200 美元。这些钱来自我每周的零花钱，因此，当我为自己设定了消费限额时，其中一部分自然流向了四舍五入储蓄，成了计划外的一笔额外储蓄。

新的零点

要想让你的财务生态系统几乎无懈可击，另一种策略是设定一个全新的零点。不是让你的交易账户余额归零，而是维持一个缓冲区，将其作为新的零点，比如将 100 美元设定为零点。意识到你不会触及真正的零点，将有助于你的财务生态系统更加流畅地运转，并且为意外情况（如突如其来的直接扣款或支出），留出了一定的容错空间。

流程概览

第 1 步：优化你的开支（同时考虑设立可选的偿债基金）。

第 2 步：确立可支配总额。

第 3 步：先付钱给自己——那就是你的储蓄。

第 4 步：将"消费"与"储蓄"渠道分开。

第 5 步：尽可能让成功变得简单。

如果你正背负消费债务

正如我所承诺的，本书提供了将债务融入财务生态系统的详细步骤。首先，需要你摒弃一个观念：债务会成为你掌握理财技能的绊脚石。通过偿还信用卡债务，我学到了关于财务自律和习惯养成的宝贵一课。因此，请相信，仅仅通过阅读本书，你就已经迈出了战胜债务的第一步。

要将债务偿还问题纳入你的财务生态系统中，首先需要计算你总共欠下了多少债务。

接下来，你应当将这些债务分散到几个不同的时间框架中。选择哪条还款时间线取决于你的财务状况以及债务金额大小。

将债务总额除以你在 3 个月、6 个月、12 个月、18 个月和 24 个月内所获得的薪酬次数（如果是周薪制，可以换算为 13 周、26 周、52 周、78 周和 104 周）。

以 10 000 美元债务为例，可以按照以下计划进行偿还。

- 每周偿还 769.20 美元，为期 3 个月。

- 每周偿还 384.61 美元，为期 6 个月。
- 每周偿还 192.30 美元，为期 12 个月。
- 每周偿还 128.20 美元，为期 18 个月。
- 每周偿还 96.15 美元，为期 24 个月。

*若你正为这些债务支付利息，请在还款金额上增加 10% 作为安全缓冲。

接下来，你需要将这些数额与第 2 步中确定的可支配总额进行比较。

针对你的可支配总额，探索不同的资金分配策略，分别用于债务偿还、储蓄和日常消费。此处调整的灵活性直接受到可支配总额的影响。

以一个具体场景为例，假设你负有 10 000 美元的债务，且每周的可支配总额为 400 美元，你可能会决定将 130 美元划归债务偿还，170 美元用于日常开支，剩下的 100 美元则投入储蓄。你管理财务的方式与无债务时无异，只是在可支配总额中嵌入了债务偿还的部分。遵循这一方案，你有望在大约 18 个月内清偿所有债务。

建议你在偿还债务的同时坚持储蓄，是为了助你打破一遇到资金短缺便依赖借贷的恶性循环。这样做可以帮助你在偿还债务的过程中养成良好的储蓄习惯，一旦债务清零，你将拥有一笔你习惯于不使用的额外资金。届时，你可以选择将这笔资金加入储蓄总额，或者根据个人优先级，在储蓄和消费之间进行适当分配。

重要提醒：若你的债务偿还计划中包含了先用后付的

类别，考虑到这些债务还款期限通常较短，逾期未还可能需要缴滞纳金，建议你优先清偿这类债务。同时，请确保你手头有足够的资金，能满足信用卡或贷款的最低还款要求，避免错过还款日。

若资金不足以应对债务偿还，专业的财务顾问能够协助你制订合理的还款计划，并代表你与债权人进行沟通协商。请借助一些渠道获得你所在地区的相关服务支持。比如，针对正在应对债务问题的澳大利亚原住民和托雷斯海峡岛民，Mob Strong Debt Help 这个机构可以提供专项支持服务。

Good with Money

第 24 章

恪守财务管理规则

让财务生态系统为你工作

前文审视了那些妨碍你走上理财之道的理念和行为。现在，我们可以利用这些知识，通过增加不良习惯的难度、降低健康习惯的门槛，进一步优化你的财务生态系统。同时，你也可以借助这一系统来挑战消极的信念，巩固积极的观念，进而与金钱建立更为和谐的关系。

最令人兴奋的是，深入了解你自己的信念和行为模式，能够使你为自己量身定制一套财务管理策略，直接针对那些最可能出现失误的环节。请记住：在你的生活中，你才是真正的专家。你对自己的行为和倾向了如指掌，这些知识是你优化财务管理系统的宝贵资源。在构建财务生态系统的过程中，你已经了解到，要尽可能简化期望行为的执行步骤，同时提高不期望行为的难度。

表 24-1 是一些具体的示例，展示了如何根据你的信念和行为模式来构建财务生态系统，让你的理财之道走得更加轻松、愉快和自然。

表　24-1

因素	财务生态系统的应用
经常从储蓄中取钱	• 将储蓄独立存放 / 使其不易被提取 • 设定更多的自由消费资金，以减少对从储蓄中取钱的依赖
一有钱就花掉	• 在整个工资周期中合理分配资金，并定期给自己发放固定金额的零花钱
每次外出都不知不觉花掉钱	• 删掉手机上能付款的应用软件，使用现金
擅自动用指定用途的资金，或提前支取计划内的金钱	• 更合理地划分资金（运用我们在第217 ～ 242 页中讨论的策略）
感到经济束缚时过度消费	• 在特定消费类别中设定个人支出限额 • 设立每月"奖励金"，以激发期待，可自由挥霍于任何你所喜爱的事物

维持兴趣

我想谈谈我称之为"弹性强度财务管理"的策略。其核心思想是，不再每周机械地重复相同的财务管理模式，而是通过调整行为来调节财务管理的力度。

你可能会疑惑，我为何要采取这样的策略？这是一个值得深思的问题，请容我细细道来。

对于那些难以遵循一成不变的财务常规流程的人，或者财务生活本身就多变的人（比如临时工或自由职业者），弹性强度预算管理可能是一大福音。这种管理方式能让你摆脱标准化预算的单调乏味，通过短暂的、更为集中的高强度储蓄来实现财务目标，而在其他时间享有更宽松的消费自由。

对于刚开始调整财务习惯的人来说，这种方法尤为适用，因为它允许你在特定时期内集中精力储蓄，而在其余时间享有更大的消费弹性。

最能说明这一点的，莫过于通过实际案例来展示其运作机制。

假设你每周收入 1000 美元，运用我们的财务生态系统，可以分配 500 美元用于基本开支，其余的则分配到消费和储蓄账户中。在弹性强度框架下，你可能会选择在某一周加大储蓄额度，因为计划在下周分配更多的钱用于消费。

设定每月储蓄 800 美元为终极目标，有两种策略可选：一是每周从薪水中固定存下约 200 美元；二是采取更灵活的方式，例如第一周存 50 美元，第二周增至 400 美元，第三周回落至 150 美元，月底的最后一周再存入 200 美元。无论哪种方式，最终的储蓄额相同，但后者允许你根据个人情况调整储蓄节奏，偶尔放松一下。

最初开始理财和培养储蓄习惯时，这种灵活的结构对我助益良多。它让我能够在保持兴趣的同时，还能练习有益的财务管理技巧。如果你发现自己缺乏持续性的动力，很难坚持到底，这种策略可能会成为你的"得力助手"。

你可以在每个月安排一个"节俭周"，这期间尽量简化社交活动，自己动手烹饪，处理一些家务琐事，或者翻阅床头那堆书中的某一册。然后在接下来的一周，你可以拥有双倍的消费资金，而不会牺牲储蓄的整体进度。

实验与假设

要使财务生态系统真正为你所用，最有效的方法之一就是亲身体验。你可以在财务生态系统里精心设计一些小实验，对即将实施的变革进行假设检验。

以一个案例为例。

假设：如果你每周给自己增加 50 美元的自由支配支出，用于购买任何喜爱之物，你可能会对金钱持有更加积极的态度，并且减少那种将储蓄挥霍在非必需品上的冲动。

实验操作：在未来几周内，你将实施这个计划，每周额外给予自己 50 美元的消费额度，随后对实验结果进行评估。这样的体验感觉如何？那额外的 50 美元被用于何处？在线冲动购物的情况是有所减少，还是依旧如故？

借助这些实验数据，你可以决定是否将每周额外的 50 美元变为长期预算的一部分，或者探索其他财务管理方式。

通过反复实验，你能塑造出一个完全按照你的喜好运作的财务生态系统。

回顾与定期检查

回顾与定期检查，是培养理财之道中不可或缺的一环。通过回顾和反思你的资金流向，以及更为关键的是，探究你在特定时期的财务心态，就能逐步微调你的财务体系，使其更加契合你的生活方式。

回顾这一过程涉及对你资金流向的细致观察。你的钱花在了哪里？交易记录中透露出什么信息？是否存在任何值得重视的警示信号？——在这一过程中，你可能会发现潜在的财务隐患。接着，你需要将这种资金行为与当时对金钱的感受相对照，同时考虑任何可能影响你财务决策和情绪的外部因素。

定期的审视能让你始终对财务状况保持敏感。这种可见的部分是发现资金泄漏的关键（比如那些已不使用或忘记取消的订阅服务），或是随着时间的推移而悄然增加的惯性开销。这些发现为你提供了释放额外资金的机会。同时，你也可以通过检视自己的储蓄余额，来确保偿债基金和优化开支计划都在预期的轨道上运行。

香蕉皮现象

我们之前已经简单提及了香蕉皮问题，现在，让我们深入探讨这一话题。这些看似不起眼的小障碍，若不加以妥善处理，可能会让你的整个财务预算陷入险境。

以下是可能导致香蕉皮现象的几种情况。

- 你忘记了今天是朋友的生日，结果没有准备礼物，也没有预留购买晚餐和饮料的费用。
- 在你的薪资周期中段，泰勒·斯威夫特宣布即将开始巡回演出（对于她的粉丝来说，这其中的意义不言而喻）。
- 预算中某项支出超出了预期。
- 不幸生病或受伤，不得不求助于昂贵的专家门诊。（在撰写这本书的过程中，我不幸患上了拇指腱鞘炎，为此支付了 400 美元的专家门诊费！）
- 朋友或家庭成员传来喜讯或是遭遇不幸，你不得不迅速行动，要么开启香槟庆祝，要么拿出 Ben & Jerry's 品牌的冰激凌安慰他们。

要减轻香蕉皮现象的影响，关键在于提高预见性。如果我们能将财务管理与日常生活紧密结合，就能清晰地追踪我们的资金流向，并且可以有意识地、有目的地预见和识别这些潜在的"香蕉皮"。这样，我们就能在它们导致自己偏离财务轨道之前及时发现它们，或者如果真的发生了，我们也能从中吸取教训。

以下是一些有效减少香蕉皮问题的风险的策略。

- 提前审视未来一个月的日程，意识到由于生日等场合，你将面临频繁的社交活动。据此，你可以适时调整消费与储蓄的比例，确保手头有足够的资金，让自己能够无忧无虑地享受生活。若资金不足，这将为你提供足够的时间去提前调整，以便如期履行各项承诺。

- 每周定期在应急基金中存入一笔小额资金，如此一来，你便能在关键时刻轻松支付突如其来的疾病的治疗费用或紧急购买礼物的费用。

如果你尚未建立一套机制来应对香蕉皮时刻，这也不成问题。关键在于，当你意识到某些因素可能使你跌倒时，能够采取措施确保未来不重蹈覆辙。你可能会在经历了一次被香蕉皮绊倒之后，开始设立这些专门的储蓄分类。

如今，我丈夫和我已经将礼物预算纳入每周支出计划之中。这是因为我们意识到，生日派对——以及我们为每位朋友准备的 50 美元礼物——总是悄无声息地逼近我们。现在，我们已经成功地减轻了香蕉皮问题带来的负担，能够从容地从我们的支出基金中支付礼物费用。

如何审视你的财务生态系统

第 1 步：从你的感受开始

谈论金钱时，我们常常忽视感受。数字可能看起来很完美，但如果你觉得自己像被燃烧的垃圾，那就不是你想要保持的感觉。在审视期间，了解自己的感受非常重要，这有助于帮你调整预算，使你真正能够坚持下去。

注意你何时在金钱方面感到消极、恐惧、有压力、不知所措、消费受限、与目标脱节等。如果能回想起任何行为模式也很有帮助，例如，深夜刷手机时忍不住想花钱，或者经过艰难的一天后想要放弃。

你可能会发现阻止你的障碍所在，也可能会加入更多的许可、自主性、简易性或容错空间，促进系统更顺利地运行。

第 2 步：为这段时间提供背景

再次将目光从数字上移开，从生活的角度考虑你正在审视的时期也很有帮助。那段时间发生了什么？工作是否繁忙？你的心理健康状况如何？是否有很多婚礼、生日派对或其他活动？为你的财务行为提供背景，可以帮助你更深入地了解金钱如何融入你的生活，以及如何将其作为一种资源来更好地为你服务。

第 3 步：审查与排序

接下来，让我们深入探讨这些数据！追踪你的资金流向，审视每一笔交易，然后进行快乐指数排序（关于这一点，我们在第 135 页已有详细讨论）。

所谓的快乐指数排序，是指根据每笔交易为你带来的幸福感进行评分，满分为 10 分。这里不包括房租等固定且不可避免的支出。评分较高的项目表明你的资金投入提升了生活的品质，而评分较低的项目则可能暗示你在某些地方过度消费或资金使用效率不高。

在此过程中，不妨对常规支出进行一次全面审视，确保不错过任何节省开支的机会。我建议你寻找所谓的"高影响、低牺牲的储蓄"——你可以从财务习惯中削减或简化这一部分，而不需要真正放弃太多东西。

例如，封堵不必要的金钱泄漏（比如频繁去超市冲动购物），将某些费用转为年度支付以降低成本，或者在体验不受影响的前提下，选择性价比更高的替代品。

若你认为某些泄漏可能对你的财务状况产生较大影响，不妨在第 138 页中提供的金钱泄漏测试中寻找解决方案，进一步优化你的财务状况。

第 4 步：评估成效与不足，探寻是否存在行为模式

首先，审视哪些方面表现良好——识别预算中哪些部分对你产生了积极影响至关重要，因为这些发现将是后续调整预算的宝贵依据。

接下来再考虑，是否存在哪些部分不尽如人意？你的预算估算是否准确？是否存在某些领域的过度支出？是否出现了计划外的开销？

最后，探寻是否存在任何行为模式。识别这些模式有助于你找到打破不良循环的策略。你是否在每一个工作日都花钱购买午餐？你在发薪日是否比在其他日子花得更多？你是否在不自觉地动用储蓄？

第 5 步：提前预见香蕉皮

接下来，你需要展望即将到来的一周或一个月，警惕可能

遇到的财务香蕉皮问题。在此过程中，翻阅你的日历或日程安排将大有裨益。如果发现有任何未被考虑到的因素，无论是为朋友挑选礼物的具体计划，还是更一般的领域（比如这个月可能需要更多可支配支出），都应当及时记录下来。

第6步：根据需要，优化你的财务体系

最终，将你所学到的知识融入财务生态系统中，并做出相应的调整。我知道这听起来可能像是一项庞大的任务，但请记住，并非每次都必须追求完美。这里的目标是提升你对财务状况的关注，识别你的消费模式，并调整你的系统以更有效地适应它们。

随着时间的推移，这一切将变得更加自然和直观。例如，如果你提前想到下周有朋友过生日，需要准备礼物，就可以提前规划预算，确定这笔开支的来源，从而避免临时抱佛脚的压力。同样，如果你知道月底工作将异常繁忙，可以有意识地决定优先考虑让生活更轻松，比如计划在那周额外花费一些钱用来点外卖。这一切的努力，都是为了确保成功，为你自己和你的财务安排留出一些时间——就像约会一样！

审视你的财务状况，本质上就像是在"耕耘"数据。理财之道所蕴含的可见性让你能够清晰地看到自己的财务状况，并据此做出响应。这并不意味着你必须时刻保持完美；而是在遇到挑战时，你知道如何从容应对。

任务

对财务行为进行 SWOT 分析

我对 SWOT 分析情有独钟，尤其是在金钱管理方面。审视较长的时间段，如季度、半年或全年时，SWOT 分析能有效地揭示那些需要改进的领域，指导你如何发挥自身优势，以最大化利用这些机会。

请拿出一张纸，绘制一个包含四个象限的矩阵。在左上象限标注"优势"，右上象限标注"劣势"，左下象限标注"机会"，右下象限标注"威胁"。

根据你与金钱相关的实际情况，填写每个象限的内容。优势与劣势是内在的因素，包括你的行为习惯、你认为得心应手的事情，以及你觉得挑战性较大的事情等。而机会与威胁则是外在因素，虽然它们不完全在你的掌控之中，但你可以采取措施来减轻潜在的负面影响或抓住有利时机。

接下来，让我们通过一个实例来具体了解这一分析过程（见表 24-2）。

表　24-2

优势	劣势
• 严格遵守每周的消费预算 • 使用消费分类的感觉非常好 • 越来越善于远离那些充满诱惑的商品 • 一直在积累定期储蓄，没有动用它们	• 最难以克制的情况是在社交媒体上看到可购买的商品 • 本季度，我有几次在下班后去喝酒，花费超出了计划 • 在为意外开支预留资金方面有些困难，因为留下这笔钱总让我感觉可以用来做其他事

（续）

机会	威胁
• 冬天即将来临，这个季节很适合待在家里做舒适、有益的事情，而不是像夏天那样外出消费。我可以稍微削减开支，像进行一次迷你"冬眠"一样，额外节省一些钱 • 可以开始我一直在考虑的副业工作，也许能赚一些外快 • 在本财政年度结束时，我的年收入将上涨 3000 美元，因此我每笔工资中都会多出 20 美元的可支配余额。我可以在拿到钱之前就规划好，以最大化其价值	• 冬装是我最喜欢的（卫衣、外套等），所以在网上看到这些商品时，很难说"不" • 我会更频繁地去办公室工作，所以在工作日更容易把钱花在午餐和零食上，尤其是当其他人也这样做的时候 • 我的汽车马上要保养了，需要开始考虑如何支付可能存在的维修费

SWOT 分析可以帮你为即将到来的一年、半年或一个季度设定目标，找到发挥优势、克服劣势、抓住机会和减少威胁的方法。

这套系统唯有在你的积极参与下才能发挥效用

你可能已经察觉到，我通常不推崇过于严苛的爱，但在此刻，你将体验到我的这份特别关照。如果不采取行动，这套系统便无法运作——这也是许多预算计划最终破产的原因，因为我们误以为仅仅设定好一切就足够了。尽管这套系统竭尽全力帮助我们根据个人需求进行定制，并为我们提供了许可、容错空间、自主性以及使用的简易性，以适应我们人类的本性，但它的有效运作仍需我们的积极参与。

如果我们为自己设定了消费预算，却一再超支而不做出任何调整，这套系统就无法发挥作用。它旨在应对错误、疏忽、生活压力和大脑的失误，但它无法代替我们去执行。

将自己的财务生态系统暴露在现实世界的考验中时，我们仍须铭记所学的一切。我们必须掌控自己的思维，夺回决策的主动权，并加强与财务目标之间的情感联系，以确保我们能够维持那些让财务生态系统持续运转的良好习惯。

第 25 章

如何驾驭你的习惯

RICA 策略

记住，你很擅长与金钱交朋友，并密切监控你的内心对话。身为一名理财高手，你会做出明智的决策。不妨自问："这种行为是否符合理财高手的标准？"

当你忍不住想要超出预算时，请运用 RICA 策略：回顾（recall）、辨识（identify）、直言（call out）、辩论（argue）。

第一，回顾你在生活中想要的东西，包括追求的目标或价值观的表达。将长远目标置于思维的中心，有助于你构建一个"选择 A 还是 B"的场景。切记，设想后果是至关重要的。将这一愿景融入决策过程中，你才能够权衡满足当前欲望与优先考虑未来需求的相对价值。

第二，辨识你试图填补的空白。立足于现状，即点 A，并清晰地描绘出点 B 的模样。你希望通过这次购买达成什么目标？这是不是一种有害的期待？是情绪化或潜意识的行为吗？
这次购买带来的好处能持续，还是仅限于今天？回顾你的财务
价值观——它们与你的行为是否匹配？

第三，大声直言你的那些借口。这是你的合理化过滤器。
将这一部分视为一个小小的减速带，帮助你避免为不想面对的
行为找借口。

第四，站在未来的角度为自己辩护。你真的需要这个吗？
这笔购买会带来哪些不利影响？你又将从未来的自己手中剥夺
什么？

接着，权衡利弊。你决定做何选择？是购买，还是放弃？

做决定时，请放慢脚步，在你和那些可能导致你陷入僵
局的行为之间拉开一段距离。牢记你的行为替代方案和转移策
略——在理性思维回归之前，暂缓决策，以增加出现自我破坏
行为的难度。

审视周遭环境

若你发现自己重蹈旧习，务必留心那些诱因，并尽你
所能消除它们。比如取消订阅、取消关注账号、按下静音
键、标记那些你不愿意再看到的广告。

在社交媒体上看到广告时，你可以将它们标记为"不
感兴趣"。找到内容旁的三个小点，选择"不再显示此广
告"。这一操作对于抵御那些纠缠不休的再营销策略尤为
有效，后者总能让你喜欢的商品在网络上追着你跑。

终极使命

在当今世界，想要做出高效财务决策，最大的挑战之一就是供应过剩。我们渴望的每一件物品都有无数版本，而且有无数商家争相销售那些与邻店相似却又有微妙不同的商品。

你有多少次在购买某物后，却在第二天、一周或一个月后又受到了类似物品的诱惑？设想你打算出门购买一件黑色西装外套。这似乎是一项简单的任务，然而，黑色西装外套的种类又何其多？

事实上，选择多得令人眼花缭乱。每一款黑色西装外套都在长度、面料、剪裁、风格、形状、品质、领口设计、口袋大小上有所差异。你或许能找到一件心仪的黑色西装外套，但不出几日，你可能会再次被另一件相差无几的外套所吸引。

不断旋转的消费之门让我们卷入了一个永远无法真正满足的循环。外界不断向我们抛出层出不穷的选择——这对我们的大脑来说，是一种前所未有的挑战。

针对这一现象的解药就是我所说的"终极使命"。

终极使命在于提升我们的购物标准。带着明确的目标踏入每一次消费之旅，致力于寻找心中商品的终极版本，只认可那些与我们需求完美契合的物品，坚决不向次优选择妥协。

这一做法的重要性何在？

首先，寻觅完美之物的过程远比随意购买一件暂时吸引我们的商品要困难得多。它涉及深入的研究、审慎的考虑和细致的比较，最为关键的是，它需要投入时间。它要求你放慢脚步，深思熟虑你要用你的金钱换来什么。

再者，当你成功购得那件终极物品——那件无与伦比的珍品时，你实际上对它做出了庄严的承诺。如同你站在一个小讲台上，向全世界宣告："我将拥有这件黑色西装外套，因为它是我心中完美的选择，在未来可见的日子里，我将不再为任何其他黑色西装外套而心动！"这样的承诺迫使你比平时更加深思熟虑每一次购买，因为你正在积极地避免对其他物品产生欲望。

下一次，当购买决策摆在你面前时，不妨尝试一下这所谓的终极使命。

购买之前先验证

我在社交媒体上分享的众多建议中，有一条尤为受欢迎：在购买之前先进行验证。这个理念其实源自我的母亲，但直到成年之后，我才真正将其融入财务管理流程之中。

大约 13 岁的时候，我们大家、每个人、所有人都想拥有的一个品牌叫 Bench.（英文句号也是品牌名称的一部分）。这个品牌融合了冲浪与滑板文化，在 21 世纪初期，它绝对是潮流的象征。他们生产的每件衣服，袖子都带有拇指孔，背面印着醒目的品牌标志。现在回想起来，或许有些俗气，但对于那时的青少年来说，这就是心之所向。不管怎么说，当时的我偶然间看中了一件 Bench. 的大衣，甚至连我妈妈都爱上了它，并表示愿意为我购买。我简直不敢相信自己的好运。

等到我们将它带回家，我已经完全沉浸在一个美妙的幻想中，想象着自己穿着它走在校园里，那会有多酷啊！然而，我母亲却冷不防地宣布，在我穿上那件 Bench. 大衣之前，必须先穿一整周又旧又丑的米色羽绒服。这一决定，瞬间将我的幻想击得粉碎。她的逻辑是：既然我都不愿意穿现有的这件衣服，怎么会去穿新的呢？

啊！我愤怒至极，心中满是无奈，她怎么就不能理解，我不穿那件衣服，仅仅是因为它太丑，让我看起来无精打采？而 Bench. 大衣则不同，它简直酷炫无比（虽然现在回想起来，其实并不那么酷，但那时的我确实这么认为）。

无论如何，我终究熬过了那一周的"丑衣服"时光。随后，母亲将 Bench. 大衣还给了我。当我逐渐长大，不再那么自以为是时，这件事在我心中留下的宝贵教训是：在掏钱购买某样东西之前，先证明自己真的会使用和坚持使用。

在此，我恳请大家在自己的生活中也能践行这一点。为任何物品买单之前，先证明给自己看，你确实会投入到使用该物品所需的行为中。避免陷入危险的消费认同。警惕那些被动的购买决策，并努力让自己在决策时更加主动——向自己证明，你已经为后续的行动做好了准备。

入手新的瑜伽裤之前，不妨先在家中客厅的地板上铺上毛巾毯，穿着睡衣坚持进行一周的瑜伽练习。

购买新的笔记本之前，先从你已经拥有的众多笔记本中挑选一本，用它记录一周的日常生活。如果你希望保留某些话语作为自我提醒，不妨将其抄写在一张随手可得的废纸上，在花钱消费之前拿出来看看。

随着夏日的临近，先尝试穿着那些不太漂亮的旧泳衣前往海滩，而不是急于购买新款，仅仅因为你认为新泳衣能激发你去海滩的欲望。

在购买之前先证明，这一行为将挑战你的自我认知，增加赌注，确保只为那些你真正会坚持使用的事物花费金钱。

明天法则

明天法则，这一巧妙的小技巧，可以帮助你欺骗大脑，让它认为你正在给予它想要的一切。正如我们之前所探讨的，在消费冲动与实际购买之间设立障碍是夺回你对资金流向的控制权的有效手段。然而，有时，那种迫切想要掏钱的冲动实在难以抗拒。正是在这样的时刻，明天法则尤为有效。

你所需要做的，就是在即将做出购买决策的那一刻，轻声对自己说："我明天再买。"并且让自己真心接受这个决策。想象一下明天你会如何购买，以及何时购买，感受那份即将拥有的喜悦。然后，转身离开。

这个法则的效果来自它对语言和思维框架的巧妙运用。生活中，人们常遵循的规则是在购买前等待 24 小时或 48 小时——本质上，这与明天法则是一样的，不同之处在于我们设定规则的方式。不要告诉自己："不，我不能买那个，我必须等待。"而是给予自己一种许可："嘿，你说得对，这确实很棒，我们明天再来买它。"两种说法的差异很微妙，但比起简单的自我约束，后者这种表述让明天法则显得更加柔和、宽容。我们知道，命令式的"应该""羞愧"和直接的"不可能"，并不能帮助我们前进。它们可能激发逆反心理，甚至完全无效。反过来，先接纳自我，对自己说"可以买"，同时用"但那是明天的事"来增强决策的目的性，就能减轻内心的紧张和不适。

关键在于，通过允许自己明天消费，我们延缓了决策，在我们的高度兴奋状态与行动之间拉开了距离。幸运的话，到明天我们就会冷静下来，前额叶皮质的功能也将恢复正常。

当然，有可能我们真的会在明天返回去购买——在尝试改变行为的过程中，没有任何事情是绝对的。如果你最终购买了它，那也完全没问题。这并不意味着失败。我们追求的不是完美，而是进步。如果这个法则对你不起作用，那也无所谓，你可以利用这些经验继续前进。

不过，我建议你先尝试一下，观察你的大脑会有何反应。

第 26 章

直觉性财务管理

直觉性财务管理，是一种深植于内心的实践，它要求你与自己的财务状况、价值取向、生活优先级，以及它们之间的契合度建立起深刻的联系与洞察。

刚开始学习理财之道时，我对自己的财务生态进行了精细的监控。我细致追踪每一笔资金流向，持续关注每一个数字，深思熟虑每一次消费决策。然而，随着时间流逝，当你对自己的财务生态系统、消费模式以及理财目标越发熟悉时，便不再需要如此紧密的监控。你会发现，无须刻意，就能通过直觉把握享受外出就餐的频率，并确保不会超出预算。你会自然而然地知道，多久可以放纵一次，为自己添置一套新装。你会直觉地识别出，哪些行为对你的财务体系有益，哪些则不然。

核心在于，你将对自己的财务能力形成深刻理解，凭借积累的经验和自我信任，你将能够更加自在地生活。

重复和动力，是推动你走向直觉性理财的两个关键因素。

谨记，习惯就是我们不断重复的行为模式。随着我们反复运用财务生态系统，它逐渐转化为我们的一种习惯，那些最初需要我们努力维持的行为，最终成为新的标准操作方式。随着时间的推移，我们将对财务问题培养出一种敏锐的感知，使得我们在想要放手时能够更加游刃有余。在航海中，有经验的船员随时都知道风的方向，甚至可以预测 30 秒后风将吹向何方。这正是我们在财务管理领域追求的那种直觉性认知。

当你初次遵循支出规划，并逐步建立发薪日的惯例时，可能需要更直接的参与和实际操作，你或许还处于初级阶段。比如，新设立的储蓄账户最初可能仅有区区几百美元的存款，但随着时间的推移和你动力的增强，账户余额将稳步上升。你开始适应在自身能力范围内生活，并欣喜地看着数字不断增长。

正如负面行为会累积成习惯，正面行为也同样能够累积。看到了自己的成果之后，这种可见的进步将激励你继续前行。而且，你获得的成就越大，所能承受的容错空间也就越宽广。如果在培养理财习惯的第三周犯了错，它对你的整体进步的影响，远比你在坚持理财之道一年后犯错的影响程度要大得多。

随着你对自己的财务生态系统越发熟悉，当你看到它顺利运转，各个部分相互补充时，当你第一次在收到账单时发现所需的资金早已准备就绪时，你将体验到前所未有的宁静感。一笔开销出现，但你早已预留了资金；看到心仪之物，但你已有足够的储蓄以供享乐；当你决定放松心情，与同事在夏日共享一杯阿佩罗鸡尾酒时，你知道账户中的余额充足，这一次小小的奢侈行动并不会打乱你的周末计划。

在某个瞬间，一切都会豁然开朗。我向你保证，这一天终将到来。这就像学开车——起初，你需要全力以赴去记住所有正确的操作步骤，但最终，你能够在不知不觉中放松下来，在高速公路上自如驾驶，同时还能轻松哼唱流行歌曲。

我想表达的是，财务生态系统确实需要时间去适应，但一旦你掌握了它，它将开启你全新的生活篇章。

谈到你的未来生活……

○ 第五部分

迎接美好的未来

天哪，我们成功了！你现在掌握了理财之道的全部工具、技巧和觉知，我对你充满信心。此刻，正是你展望未来精彩生活的最佳时机。

无疑，精通理财之道非一日之功，但只要你持续实践本书所传授的智慧，你的理财技能将日益精进。当你持续聚焦于我们一再强调的两个关键要素——觉知与目的性——你的行为将会从内而外逐渐改变，理财的好习惯和系统将变得越来越自然，成为你的第二天性。

最终，你将目睹自己的财务状况因之改善：储蓄额稳步上升，理财能力日渐增强，债务得以清偿，你也将摆脱自我挫败的怪圈，不再重复"自我破坏－重新开始"的循环。

那么，接下来呢？

掌握理财的艺术，意味着培养一种健康的金钱管理理念，以及支持这种理念的行为模式，并以全新的视角与金钱互动。一旦你掌握了这门艺术，金钱所能为你开启的可能性将无限拓展。这不仅仅是一个终点，更是你人生旅程的崭新起点。

在最后一章中，我们将探讨你的未来生活。一旦你熟练掌握这些习惯和行为，你的下一步将如何规划，以及你将如何运用所学，为自己营造一种快乐、充实、有意义且财务自由的生活，为未来奠定坚实的基础。

第 27 章

成为财富故事的主角

仅仅通过阅读这本书，你在财务管理上的能力便能悄然提升。请稍做停顿，让这一成就在心中沉淀。你应当为对自己许下的这份承诺感到无比自豪。

这本书将改变你，在你的身份认同上轻轻描下新的一笔。随着你越来越擅长理财，它也会引领你变得更加出色。我想要你为即将到来的变化做好准备，因为这将是一段奇妙之旅。

觉得自己不擅长理财的感觉真的糟糕透顶。我曾经有过这样的经历，我也知道，许多人都在遮掩那段令自己羞愧的财务过往，也不愿感到自己在金钱管理上不如旁人精明。

你正在获得财务自信，意味着你正在经历一场深刻的变革。你正在摆脱陈旧的行为模式，正在战胜那些阻碍你前行的内心障碍，正在自我审视，正在放慢脚步，更加留意自己对金钱的态度、情感和行为，正在兑现对自己的承诺。你正致力于为行为设立财务边界，从而更好地关照未来的自己；在生活的其他方面崩塌时，让你的日子更加从容；赋予自己能够抓住每一个机遇的强大力量。

你正在踏入理财新纪元的大门

步入了理财新纪元，就如同对你的系统进行了一次全面升级。你依然是那个你，但如今更加卓越、更为可靠、更加稳固，且更令人信赖。你的自信心增强了，自律性提升了，目标感更加明确，你对所能触及的未来的愿景也更加大胆、更加宏伟。随着时间的流逝，随着你越来越多地投入到新的财务认同中，这些将不断壮大。

在此，我愿你花些时间，以创新的思维去构想那个正在踏入理财新纪元的自己，那个为未来推开大门、为自我奠定基石、摆脱那些令你感觉糟糕的行为的自己。

这一切的核心在于成为你财务生活的主角——当你精通理财之道时，这就是自然发生的转变。随着新的财务格局逐渐清晰，你的人格将得到进一步的发展。

创建一套新的金钱咒语

为了庆祝你步入精通理财的新纪元，并映照出自己所付出的一切努力，你现在可以为自己量身定制一句新的金钱咒语。不同于你已经重写的信念，以及作为系统升级的一部分正在进行中的对金钱态度和观点的转变，金钱咒语是一句你可以随身携带的简短箴言，无论在心中默念还是在纸上书写（最佳状态下，两者兼具），在面对财务挑战时都能迅速浮现在脑海。

这句金钱咒语的目标是让精通理财的心态始终占据核心地位，启动你现已掌握的助你做出更明智的财务决策的一系列工具，投身于那些能增强你财务自信的行为中。

你的金钱咒语专属于你，它与书中那些最能触动你心的篇章紧密相连。因此，请花些时间，细细琢磨出一句让你感觉恰到好处的话语。最强大的咒语，是那些能够触及你与金钱关系每一个角落的内容，包括：

- 你的财务信念。
- 你的自我价值感和自我认知。
- 你对自我的感受。
- 你新拓宽的财务视窗。

为你的金钱咒语提供灵感和思路

- 我理应拥有金钱作为我的后盾。
- 我自足自洽，完全值得为自己的抉择而积累财富。
- 金钱的打理充满乐趣且毫不复杂，能助力我活出最真实的自我。
- 我对自己的金钱有决定权。
- 掌握金钱让我感到有力量、安全和自信。
- 我深信自己在金钱管理上的判断。

重新定义金钱的用途

在迈向理财高手的征途中，你将面临的重大转变之一，便是重新定义金钱的真正用途。我们深入讨论了金钱是一种资源，你可以随心所欲地在生活中加以利用，然而，当你长期陷在财务僵局时，彻底领悟并接纳这一观点可能颇具挑战，尤其是当你摆脱那些有害的习惯循环，自问"好吧，我已经停止了过度消费，接下来该如何行动"之际。

在积极心理学与财务规划交会的领域，一项创新研究正在兴起。2015 年，《财务规划期刊》（*Journal of Financial Planning*）的一篇文章中，财务规划专家萨拉·阿塞贝多（Sarah Asebedo）和心理学者马丁·西伊（Martin Seay）探讨了财务建议的新方向：从传统的基于需求的方法（仅从数字角度追求财务成果的最优化）转向更加注重促进个体的心理繁荣和价值提升。心理繁荣是积极心理学的核心要素之一，这一心理学分支由马丁·塞利格曼开创，我们在第 154 页对其有所介绍。积极心理学的宗旨在于培育个体的快乐与幸福感，以提升人们的生活品质，而非仅仅将人们修复到基本水平。

根据积极心理学的理念，幸福与快乐的五大基石构成了PERMA 模型。

这里的 PERMA 分别代表：

- 积极情绪（positive emotions）。
- 投入（engagement）。
- 人际关系（relationships）。
- 意义（meaning）。
- 成就（achievement）。

将 PERMA 模型融入正在践行的财务健康策略中，我们便能重新定义金钱在自己生活中的角色，并探寻创新途径，将其作为促进生活各层面幸福感的资源。PERMA 模型激励我们打破关于快乐的传统思维框架。鉴于本书第一部分所探讨的内容，这一转变显得尤为珍贵。在无论身处何方，都有机会通过购买来实现快乐的当下，我们比以往任何时候都更需要一种更为全面追求快乐的方法。

我认为，在金钱的旅途中，我们面临的最大挑战之一就是辨别何者真的能带来幸福，何者不能。我们习惯于在"物质"中寻找幸福，因此很容易迷失在对目标的追求中。表面上，我们几乎可以为任何购买行为找到合理的借口，认为这是用金钱换取幸福的手段。"这些服饰让我幸福""那次度假让我幸福""美食美酒让我幸福"。

尽管这些说法在一定程度上可能属实，但 PERMA 模型促使我们从熟悉的、由消费主义塑造的幸福误区中跳脱出来，重新审视真正的幸福和快乐。

接下来，我们将深入探究 PERMA 模型的每一个要素，以拓展我们对幸福来源的理解，并探讨如何有效地利用金钱来支持和增强幸福。

积极情绪

积极情绪是我们最为熟知的一种幸福表现形式。然而，它也是我们最频繁误用的一种。若要对积极情绪的分类提出一点修改（我并非暗示积极心理学的开创者需要或渴望我在这方面的微小贡献），特别是在金钱管理的背景下，我倾向于将其重新定义为"持久的积极情绪"或"持续的积极情绪"一类的术语，只要它能够凸显人们往往过于习惯追求即时满足这一问题。真实的积极情绪确实存在，消费时因多巴胺急剧上升而体验到的短暂愉悦也确实存在——两者并不一样。用金钱换取持久的积极情绪，核心在于我们在第四部分深入讨论的基于价值观的消费模式。

投入

投入是指那些让我们全情投入并从中收获欢乐的爱好与活动，比如园艺、绘画、烹饪、跑步、阅读、演奏乐器、滑旱冰……任何能够触动你内心、让你感到兴奋与满足的事物，都是投入的体现。

人际关系

众所周知，积极的人际关系、与他人的紧密联系是提升幸福感的重要因素。在金钱的运用上，这部分资金将用于为所爱之人挑选礼物，或是与朋友共度假日、共享美食，乃至为了拓宽社交圈、结识新朋友而进行的投资。

意义

意义源自我们对社区的贡献，或成为更伟大事物的一分子。这可能是通过志愿服务，或是向有需要的人伸出援手。它为我们提供生活的目标和存在的深层次理由。意义可以来自与家人共度时光，在职业生涯中构建价值，也可以是参与社区组

织的行动。金钱的拥有代表着选择的自由——经济稳定让我们
能够选择与我们的目标和意义相契合的生活方式，比如减少工
作时间，或是选择一份更具意义而非仅仅为了赚钱的职业。

成就

　　成就是指对胜利、卓越或成功的追求。人类天生具有追求
成长与自我实现的渴望，因此，致力于那些能够提升自身或促
进自我发展的目标，有助于我们实现获得幸福这一核心目标。
当我们允许自己将金钱视为实现自我潜能的工具时，无论是通
过掌握新技能，在新领域进行深造，还是独自环游世界，都可
以在我们与财务行为之间建立强烈的情感联系。

　　值得注意的是，这些事物可以跨越 PERMA 模型的多个元
素。例如，与亲朋好友共享美食，除了能激发积极情绪，若这
顿饭还能加深彼此间的意义联结，那么它还同时对建立人际关
系有益。

任务

审视与追求

　　借助 PERMA 模型，进行我称之为"审视与追求"的
深度反思。这既是对生活的全面审视，也是对未来抱负的
深入探索。它将帮助你评估当前资金分配的情况（或在哪
些方面可能尚未被充分利用），同时指引你思考未来如何更
有意义地运用财富。

　　表 27-1 是一个当前行为和潜在行为的审视示例。

表 27-1

	审视：当前金钱使用状况	追求：未来金钱使用愿景
积极情绪	早晨的咖啡、衣物、鸡尾酒、护肤品、时尚配饰	减少衣物购买，追求高品质服饰；保留日常咖啡；定期享受面部护理；请专业造型师打造形象
投入	偶尔翻阅书籍	坚持每月阅读两本小说，每日漫步自然，海边休闲时光，享受缝纫的乐趣
人际关系	外出就餐与饮酒	每月安排一个浪漫约会夜或家庭团聚晚宴；定期的周末短途旅行以加深情感联系；每周与家人共度美好晚餐时光；周末聘请清洁服务人员，为欢度家庭时光腾出时间；向所爱之人赠送礼物或提供帮助与支持
意义	无	投身于当地动物收容所的志愿服务，资助心之所向的事业，提供无偿的专业服务
成就	偶尔健身，阅读自我提升书籍	挑战马拉松赛事，撰写个人著作，学习新的烹饪技能，通过普拉提增强体质，持续吸收个人成长类书籍的智慧，参加专业课程，学习一门新语言

PERMA 模型只是采用更全面、更宽广的视角来观察金钱如何丰富你生活的一种方式。

我们经常陷入这样的观点，即只关注可以消费的东西。而忽略了金钱可能让我们探索的所有其他可能性。这种类型的审视与追求工作也可以帮助我们认识到，将我们花费在最容易获得的积极情绪类别上的部分资金重新分配，可能会在其他领域开启新的机会。

第 28 章

持续改变你的金钱信念和财务舒适区

在理财之旅中，至关重要的一环是治愈过往的创伤，打破旧有的行为模式，并从头构建你的金钱观。我们共同开展的探索性工作将大大助力你洞察自己的行为模式，学会如何通过打破这些循环来收获更佳的成果。

改变我们对金钱的看法是一个持续的旅程，我们会在前进中不断地拓宽财务的舒适区。信念、行为和经历构成了一个三条腿的凳子———一旦其中一端发生位移，其余两端也将随之调整。

- 致力于改变信念时，我们的行为和经历也会相应地发生变化。

- 致力于改变行为时，我们的信念和经历也会相应地发生变化。

- 改变财务经历（例如我们的财务成果）时，我们的信念和行为也会相应地发生变化。

随着时间的流逝，这些由微小行动引发的渐进转变，将助你构筑起更为积极的金钱观和财务体验。在这个过程中，随着你对健康消费习惯、储蓄和做出最有益于自己的财务决策等事项的逐渐熟悉，财务舒适区也将慢慢扩大。

然而，这并不意味着我们的道路会永远平坦。随着我们财务状况的改善，一些原本潜伏的信念可能会浮现，或是旧有的信念因新的经历而重新被唤醒，这些新经历可能与我们过去有过的负面经历相似。

在真正掌握理财之道前，我在金钱管理上曾是一片混乱。我从未想象过，自己未来也能拥有储蓄，能应对突发开销，能够在财务上感到有控制力。

为了改变这一切，我所付出的努力——摆脱债务，积累储蓄，重新培养健康的消费习惯——都具有里程碑式的意义。通过持续的微小行动，我逐渐转变了自己的信念、行为，以及随之而来的体验和成果，这种成就感和满足感无比强烈。

问题在于，虽然调整了金钱观，拓宽了财务舒适区，达到了既定目标——但我的进步也仅限于此。在财务之旅中，最出乎意料的一环便是在我解锁了新的财务自信水平之后，不得不重新审视自己的信念，以便继续解锁更高的层级。于我而言，这意味着在清偿债务并积累了一定的储蓄之后，我需要继续向前迈进。为了积累更多储蓄，开始思考如何在更广阔的层面上掌控我的财务，我不得不经历又一次的系统升级。曾经梦想的储蓄和摆脱债务的目标已实现，但我却未曾设定更为远大的梦想。

在你的信念和舒适区之外，生活不可避免地会带来变化和挑战，而金钱往往与这些经历紧密相连，无论是直接还是间接。无论是面临裁员、受伤或疾病、失败、关系破裂、离婚，还是悲伤，都可能深刻地影响我们对金钱的看法。我们中的一些人可能会遭遇更多的挑战，而生活的突变往往难以预料。但我必须提醒你，即使你已经精通理财，生活中仍可能出现新的"金钱问题"。

我们必须做好准备，每当财务状况或生活环境发生变化，就需要进行一次小的系统升级。这样做是为了不断拓宽我们的财务舒适区，重新调整我们的思维模式、情感反应和行为习惯，以适应不断变化的新现实。

可能会影响金钱信念的生活变化包括：

- 薪资增长。
- 意外获得金钱（如奖金、遗产或其他意外收益）。
- 职业转换或休假影响收入。
- 开展自己的事业。
- 收入模式的转变（例如，从固定薪酬转变为佣金或改变奖金体系）。
- 经费支出的调整。
- 生命角色的转换，比如升级为父母。
- 开始或结束一段关系。
- 置业安居。
- 投资股市。
- 身体不适或遭遇意外伤害。
- 裁员。
- 亲人离世或痛失所爱。

确实，任何有可能改善或破坏你财务状况的事情，或是唤起你大脑中对过去财务触发点记忆的因素，都值得关注。

2021年，我辞去工作，全身心投入创业，这一决定对我的金钱观产生了深刻的影响。经过一段漫长的自我反省，我才逐渐意识到，我之前的所谓"系统升级"其实仅仅是在被雇佣的框架内的调整。我是在稳定的薪水保障下，在传统职场的可预见性中，甚至在我所处行业相对偏低的薪酬水平所划定的舒适区内，进行了这些调整。

我未曾察觉，自己其实一直身处由"不太可能获得高薪"这一现实构筑的舒适区。如果你所在的行业薪酬水平相对固定，可能也会遇到类似的状况——你或许从未想象过自己能成为高收入人群之一，也没想过自己有朝一日能体验到财务上的成功。

然而，随着我转变为个体经营者，一系列前所未有的挑战接踵而至，它们为我的财务观念带来了严峻的考验。

- 收入完全没有保障，这种不确定性让我感到紧张，就像我在财务混乱时期中经历的动荡一样。经济来源不稳定让我感觉自己的努力正在被一点点抹去，仿佛一步步走向倒退的深渊。

- 尽管收入缺乏保障，但也没有上限。我周围的人都在谈论着如何赚取更可观的数字，分享着事物如何迅速变迁的故事——无论这些变迁是福是祸——我发现自己比过去任何时候都更接近高收入。

- 这同时也意味着，若想攀登财富的高峰，我必须深信自己。我必须自信，勇于争取我所渴望的，坚信自己配得上更高的回报，并且敢于为我的工作标定应有的价格。虽然我对自己的日常工作能力始终抱有坚定的信心，但在商业领域的自信不足却给我的财务理念带来了前所未有的冲击。

自主创业的经历深刻地唤醒了我的旧有信念，同时揭示了新的信念，并且对我之前为了摆脱债务和积累储蓄所做出的积极改变提出了挑战。从根本上说，我必须适应一个全新的角色，密切关注这些转变如何塑造我的财务信念和行为模式，并且学习以全新的视角体验金钱。坦白说，即便在我撰写这些文字的时候，这些转变中的某些部分仍在进行中！

这并不意味着你需要彻底重启理财高手之旅——不必恐慌！然而，成为理财高手意味着在生活中不断调整和提升你的金钱观。或许你会出现新的信念，或许你需要适应新的开支状况，又或许是一些旧行为习惯再次浮现，等待你重新塑造。无论何时，当你觉得有必要加强自己的习惯、信念或行为时，都可以随时重温这本书中的各种技巧。接下来提到的金钱正念练习，也将成为塑造和管理你的金钱观的关键环节。

财富增长并非一条直线

从数学的角度来看，我们的进步不可能始终呈线性增长（除非我们极其幸运），从心态角度来看更是如此。我们不能期望每年的收入都能超越前一年的，也无法保证每月的储蓄都能超越上个月的。我们必须适应生活的高低起伏，以及这些波动如何作用于我们的财务状况，并且要接受可能暂时不如从前的现实，无论原因是偶然遭遇的不幸，还是我们主动做出的选择（如创业、转行或成为父母）。

金钱正念实践

如今，你已经精通理财之道（朝你眨眨眼），已经认识到自己的思想、情感和信念如何塑造你的财务行为和财务体验。当你在财务之路上遇到障碍时，这种自我意识本身就是你的助力。

找到运用这种意识的途径，便是实现实质性改变的起点。金钱正念法能够有效地帮助你面对金钱信念的变迁和挑战，尤其是在遭遇我们先前讨论的任何生活变动时。无论你的财务状况是向好还是向坏发展，意识到你可能会遭遇一些有害的金钱信念，是走向成熟理财的第一步。你将更有准备地去深入探索任何出现的情绪。

金钱信念日志

在经历财务或生活的转变，或是感到金钱事宜略有问题时，记录金钱信念日志将极大地帮助你理清思绪和情感。

记录下你对金钱的看法以及它们产生的情境，这将助你揭示是什么因素在阻碍你。接着，你可以用更加积极或中性的思维来对抗这些障碍，推动自己向前。

你或许可以在手机上的记事本应用软件中实时记录下关于

金钱的思考和感受，并在一周或一个月后回顾它们，以观察是
否呈现出任何模式。

财务日记记录

经验证，坚持记录财务日记是一种有效的方法，它能够
帮助你梳理那些纷乱的思绪和情感。通过这种方式，你得以触
及自己的潜意识，并将这些想法通过文字呈现在眼前，从而将
它们提升到意识层面。你可以在日记中记录下生活中的点点滴
滴，特别是腾出时间专门记录财务问题，对于防止那些有害的
财务信念死灰复燃或进一步发展，具有显著的好处。

任务

理解你的金钱信念

以下是一些有助于促进思考的日记写作提示，有些旨
在助你应对逆境，而有些则旨在拓展你的思维。

直面挑战

- 目前，有哪些因素在阻碍你充分发挥财务潜力？
- 如果你的财务难题是一个人，你想要对他大声说出
什么？
- 如果你的财富是一个人，你现在想对他说些什么？
- 如果有人此刻伸出援手，帮你解决财务问题，那将
是一幅怎样的画面？为什么？
- 如果明天醒来，你发现这个问题已不复存在，生活
会有何不同？你如何确信问题已得到解决？

放飞梦想，设定目标，让财富带来愉悦

- 假设有人赠送你 1000 美元，条件是你必须用它来提升自己的生活品质，你会如何使用这笔钱？你将如何令人信服地展示其用途？
- 你喜欢金钱的哪些方面？
- 你梦想在未来拥有哪些选择？
- 描绘你理想中的日子。
- 列出 5 个理由，阐述你为何值得并应该拥有财务自信。
- 给一年后的自己写一封信。
- 给一年前的自己写一封信。
- 你如何在生活中运用金钱，以深层次地关爱自己？
- 金钱为你开启了哪些可能性？
- 你用金钱实现了哪些令你深感自豪的成就？讲述你的故事，并拥抱那份成功。
- 设想你是自己深爱的人（朋友或家人），写一封信，表达你对他所取得的成就的骄傲之情。

第 29 章

构建财务韧性

　　理财之道远不止享受美好时光。我们追求的，不只是一帆风顺时对金钱的满足感。我们希望建立一种坚韧不拔的心态，能够抵御生活中不可避免的挑战。

　　金钱是生活中主要的压力源之一。即便你擅长理财，也无法免受财务压力的影响。实际上，即便你非常富有，也无法免受财务压力的影响。如果你没有培养出相应的韧性，财务压力和焦虑就会随着你的成长而不断升级。

　　越来越多的研究聚焦于韧性的重要性，以及我们如何成长为具有韧性的个体。这些研究成果，在很大程度上也可以转化为我们在财务管理上的实践。

　　在金钱管理方面，我们需要两种类型的韧性：心理韧性或情感韧性，以及财务韧性。这两种韧性相辅相成，能够帮助我们有效应对财务上的挑战和冲击。

心理韧性

遭遇突如其来的财务冲击时，我们往往会感受到一种威胁。众所周知，人类大脑的本能反应是试图通过为这些威胁赋予意义来确保我们的安全。然而，问题在于，这种意义往往是错误的。在试图解读财务困境时，我们可能会跌入灾难性思维的旋涡，采取危机应对措施，甚至可能完全破坏我们的财务状况。

以一个场景为例，假设你在优化自己的财务生态方面取得了显著进展，开始积攒起储蓄，并亲眼见证了努力的成果。但突然间，你不得不面对一笔意外的支出，比如汽车维修费用，迫使你动用辛苦攒下的储蓄。在这种情况下，你可能会本能地感到愤怒，进而陷入"努力又有何用"的思维模式，或是回归到"无论如何，金钱总是带来压力"的信念。

再次参考积极心理学领域，我们发现习得性乐观（learned optimism）是一种有效的策略，能够帮助我们更好地应对不那么理想的结果。存在以下三种认知偏差，它们影响着我们对待和应对逆境的方式，我们称之为"三个P"：持久性（permanence）、普遍性（pervasiveness）和个人化（personalisation）。

- 持久性指的是我们对逆境事件持续时间的认知。
- 普遍性指的是我们如何为这类事件赋予特定的或普遍的影响与意义。
- 个人化指的是我们倾向于将事件的原因或过错归于个人

内在因素或外部环境。

面临财务压力时，这些认知偏差往往会扭曲我们对所发生事件的解读。举个例子，汽车突然坏了，需要支付 3000 美元的汽车维修费用。

持久性

对待突发的汽车修理费用，我们要么视其为一次偶然的独立事件，要么将其看作整体财务状况的一个环节。我们的内心独白可能是这样的：

"这确实不幸，我们需要通过（在此填写切实可行的解决方案）来筹集那 3000 美元。"——此为一项独立且短暂的事件。

"唉，这种事情总是在关键时刻发生，我早该料到，看来我们无法去度假，也无法进行其他计划了。"——这似乎是一个更为广泛、长期的问题。

普遍性

"这个月不得不动用紧急资金，但我们会努力让它尽快回到应有的金额。"——这是针对单一事件的特定情况。

"一切似乎都崩溃了，钱真是太难赚了，我都怀疑自己为何还要反复尝试。"——这反映了一个普遍存在的问题。

个人化

"我已经尽可能地做好了汽车维修的准备，但谁料到维修费用会如此高昂？"——这体现了对外部因素的归因。

"我本应更加谨慎，要是上周我没花那笔钱，或者没有去享受那个美好的假期，或许就能避免这一切了。"——这是对自己的责备。

涉及财务问题时，心理韧性完全取决于我们对经历赋予的意义。能够截断那些无休止的思维旋涡，洞察我们如何在不知不觉中扭曲事实，以符合大脑想要相信的事物，这无疑是一种强大的技能。随着时间的流逝，当我们与金钱的关系日渐和谐，那些负面的信念也被更加积极的信念所替代，我们体验金钱的方式也似乎变得更加可控了。

要提升心理韧性，你可以开始记录自己在财务之旅中对微小时刻的理解方式，同时留心"三个 P"如何在你的大脑编造的故事中表现出来。

- 你是否在夸大某些事件，使其对你或你的潜力有意义？
- 你是否将不由你掌控的事情不恰当地归咎于自己？
- 你是否仅仅因为暂时的困难，就轻言放弃那些长远的目标和规划？

明确地说，心理韧性不是一种有害的积极性。它不是在逆境中自欺欺人地告诉自己一切都很好。财务困难不能仅靠积极思维来解决，那些主张这样做的人实际上在传播一种危险的观点。心理韧性在于平衡并分离特定的经历，让你能够客观地看待它的真实面貌，发现它不过如此，而不是编造故事来维持那些让你停滞不前的信念。

财务韧性

财务韧性源于我们精心规划的财务结构，这些财务结构旨在降低风险并提升应对能力。这包括建立紧急储蓄金，以及在关键时刻能够获取必要的资源和援助。我们中的一些人可能天生具备更强的财务韧性，这在很大程度上受到你所拥有的资源的影响。

培育财务韧性，能够有效提升你在处理财务问题时的心理韧性。当你确信那些稳固的支持基础始终存在时，你就能在面临挑战时，对抗大脑面对威胁升起的本能反应，保持理性思考。

接下来，让我们一起探讨财务韧性的几个核心要素，以及如何努力提升获取这些要素的能力。

财务韧性的构成要素

- 积极习惯。
- 觉知和投入（例如：了解你的基本开支）。
- 应急计划（例如：储蓄、积累社会资本）。
- 应对财务困境的经验积累。

积极习惯、觉知和投入

本书中我们探讨的习惯，从夺回财务决策的主动权到构建财务生态系统，再到意识到你受到的诱惑的来源，都有助于提升你的财务韧性。

　　财务韧性的一部分，在于懂得如何应对危急时刻，并且为此做好准备。当财务压力意外来临时，你是希望它发生在财务状况一片混乱、你不断试图重新开始和掌控局面之际，还是在一切井井有条、习惯得到良好管理、财务生态系统健全之时？我个人倾向于后者。

　　如果你能掌控自己的金钱，并拥有一套有效的管理系统，那么在面对逆境时，确定接下来的行动方向将变得更加轻松。而且，你深知自己已经做了所能做的一切，为有效应对挑战奠定了坚实的基础。

应急计划

　　当预算调整无法解决问题时，应急计划（获取援助与资源）便成为关键所在。虽然我们无法预知未来具体会发生什么，但面对那些可以通过临时调整资金分配或减少某项支出来缓解的财务冲击，我们尚能应对。然而，对于更为严重的财务冲击，我们不得不从其他渠道筹集资金。

　　这其中包括建立应急基金。我们的应急基金越雄厚，财务韧性就越强。

　　在动用应急基金之后，我们接下来要考虑的是其他储蓄。确实，如果我们已经为旅行、宏伟梦想或汽车储备了资金，那么理想情况下不应该随意动这些资金。但若这笔资金能帮助我们渡过财务难关，那么有时，我们不得不重新调整优先级。

　　你自己的社会资本同样对你的应急计划至关重要。在需要时，你能否向家人借款？如果你需要一个住处，你是否能搬回家中，或者有兄弟姐妹可以一起住吗？你的朋友们呢？他们是否有足够的空间（无论是物理空间还是心理空间）让你寄宿？在这些时刻，你所拥有的资源在塑造你的财务韧性方面起着至关重要的作用。

　　每个人的境遇都是独一无二的。尽管我们无法为每一种可能的情况做好周全的准备，但若你确实遭遇财务困境，思考一下你的选择将助你抵御突如其来的挑战，并在此过程中加深你对未来财务的投入。

应对财务困境的经验积累

　　在财务韧性的构建中，最后一个要素是应对负面影响的经验。每当你面对并成功克服一次财务挑战时，韧性便得到提升。这正如生活中的其他方面，经历越丰富，你便越坚韧。意识到自己能够渡过难关并在逆境之后重新振作，这种力量是无比强大的。

第 30 章

与金钱做朋友

若想与金钱建立积极的关系，我们必须以恰当的方式对待它。当金钱流入我们的生活中时，我们要细心呵护。我们必须履行我们的承诺。我们需要深思熟虑，找出金钱能够"茁壮成长"和发挥最大功效的领域。

金钱是一种宝贵的资源，它助力我们管理世界，促使我们在人生旅途中繁荣发展。金钱是生活企业中的一名雇员，我们的职责是像一位卓越的领导者那样，充分发挥其潜力，最大化其价值。

回想那些你不喜欢的上司，他们有哪些特质？或许他们对你进行了过度的管理，或许他们说你的坏话，或者在关键时刻总是缺席。也许你倾尽全力，却只得到被忽视甚至被解雇的命运。

在自己没有意识到的情况下，我们可能在面对金钱时扮演了坏上司的角色。我们可能对金钱过于控制，忽视它的存在，对它提出过高的要求，我们没有让它随着生活事业的成长而一同成长和进步，或者是我们过度消耗它，直至其耗尽力量。

避免成为金钱的坏上司

尊重金钱

我们都渴望得到上司的尊重，金钱同样值得我们的敬意。如果我们尊重金钱，就不会让自己的情绪波及它。我们不会对它有不切实际的期望。我们不会对它视而不见或轻视它。我们认识到金钱是为了完成特定任务的工具，顺便一提，它在完成这些任务方面非常出色。我们建立了一套系统，让金钱得以发挥其作用。当我们尊重金钱时，实际上也尊重了自己的努力。

尊重金钱可能体现在以下行为中：

- 执行储蓄计划。
- 将金钱投资在你真正珍视的事物上。
- 根据最重要的事情来设定财务支出的优先级。
- 在满足基本需求之后，再考虑满足其他需求。
- 先付钱给自己（详见第 224 页）。

开放而真诚的沟通

我们期望自己与金钱的关系是一种双向的互惠，就像我们尽自己所能去支持金钱，同时金钱也在全力以赴地支持我们。不可避免地，我们会遇到需要解决的问题，但当我们能够坐下来直面这些挑战，共同规划解决方案，在必要时刻达成妥协，并在困境中开辟出一条前行之路时，就有望收获比逃避问题更为丰硕的成果。

成长的机会

　　许多人渴望在工作中不断进步，金钱亦是如此！没错，金钱是一个有抱负的小怪兽。它渴望提升自我，希望随着我们生活和事业的发展而一同成长，它想要发挥自己的潜力，以便更好地为我们服务。当我们尊重金钱的这些愿望时，就赋予了它在我们的成长旅程中以全新方式进化的可能。我们让它能够满足我们生活中新的需求，并让它有新的、不同的应用价值。

　　在合作的初期，金钱可能处于逐步帮助我们实现储蓄目标的阶段。而在生活的后期，它可能会转向能够创造财富的活动。最终，它可能会助力我们实现某个梦想。如果我们允许金钱随着我们个人和事业一同成长和演变，就能共享这份共同努力的成果。

释放金钱的潜能

　　没有人喜欢被过度监管，因此，我们不应对金钱施加同样的控制。金钱需要一定的自由度，就像你自己一样。构建并适时调整你的财务生态系统，才能给金钱为你效劳的机会。你不必通过监控每一分钱来掌握全局。

理财之道的关键要素

拥抱金钱的乐趣

　　确实，当你擅长理财时，你就能真正享受金钱带来的乐趣！确保你确实在体验这种乐趣，对于维持对金钱的长远积极态度至关重要。然而，实际上，让金钱帮助自己丰富生活，这一过程远比想象中复杂。

通常，当你生活在潜意识的自动模式下，会认为机械地花费金钱也是在享受金钱带来的乐趣。然而，当你擅长理财时，享受金钱是一种有意识的选择。请确保你的财务生态系统（详见第 217 页）已经准备好，以迎接这份愉悦，并且定期回顾快乐指数排序（详见第 135 页），以了解你从金钱中获得了多少快乐。

让自己投资那些能够真正丰富你生活的事物，是一个学习过程。而你，已经为此打下了坚实的基础。继续深入探索你的财务价值观，重新界定你真正渴望的东西（而非被社会塑造的需求），并密切关注金钱在你生活中能够发挥最大效益的地方，这对于构建与金钱的积极关系至为重要。

最终的结论是：你可以花钱！实际上，花钱正是我们追求的目标！

洞察你的资金流向

还记得我们在第 212 页中探讨过的主动金钱管理与被动金钱管理之间的区别吗？在构建与金钱的积极关系过程中，主动掌握你的资金去向显得尤为关键。当你对自己的消费去向了如指掌时，你自然会有更多的掌控感。

与金钱做朋友，你无须追求完美。你只需维持一定的控制力和自信，这样一旦遇到偏差，就能迅速地调整方向。

以更积极的眼光看待财富

啊，那些纠缠不休的念头又来了。我为何总是有这么多烦人的想法？然而，不得不说，你对金钱的看法至关重要。保持健康的金钱观（并非有害的积极，而是真正的健康）将促进你与金钱关系的成长。再次设想，金钱就像是你正在交往的人。持续地担忧关系破裂，或是不断对关系的未来感到焦虑，都会给一段关系带来压力。你与金钱的关系亦是如此。

我们之前讨论过的那些信念，是掌握理财之道的重要且持续发展的组成部分。留意那些有害思想何时开始潜入，并准备好在你生活发生变化时，迎接可能出现的奇异想法和情感。

这个过程可能非常简单，比如在每天或每周结束时，花片刻时间去感知你对金钱的感受，并且如同你在阅读第 140 ～ 155 页时所实践的那样，练习重塑你对金钱的看法和信念。你可能已经对感恩练习有所了解——比如，在每天结束时记录下3 件值得感恩的事情。识别并重塑你对金钱的看法也可以采取类似的方式，利用神经可塑性的优势，在时间的推移中逐渐转变你的观点。

第 31 章

提升收入，积累财富，塑造自由的生活

在本书的第一部分，我们探讨了女性不仅长期被排除在财务讨论的范畴之外，而且还被刻意引导，远离财务成功的道路。我们未曾像男性一样，接受有关市场运作、股票投资和财富积累的教育，反而被市场推销的瘦身霜所包围，不断被提醒衰老的种种负面影响。这些手段巧妙地引导我们手中的金钱重新流入企业的口袋。

我在本书开篇就指出，理财之道并不能消除我们在世界上面临的各种财务不公。但它为我们奠定了参与财务、建立自信和理解的基础，在这个基础上，我们可以追求超越以往可能达成的成就。

这个世界迫切需要的是女性掌握更多的财富，而掌握理财之道正是你迈向这一目标的绝佳起点。我希望你能够凭借新获得的财务自信，去提升收入，积累财富，并让你的财富为你更努力地工作。

如果你在财务管理上有所欠缺，那么即便收入增加，生活也不会有显著改善。正是因此，我们时常听闻彩票得主最终返贫，或是职业运动员在职业生涯中赚取了数百万美元，却在退役后仍不得不重返工作岗位。在你着手增加收入之前，培养良好的理财习惯，洞察你对金钱的误解，以及直面那些束缚你的错误信念，是走向成功的必要步骤。而一旦你精通了财务管理，接下来的目标便是赚取更多财富，并且运用智慧打理它们。

追求更高收入

简而言之，更多的金钱意味着更多选择、更多可能性、更多机遇。人们常常简单地说："哦，我只想拥有足够的钱。"很简单，对吧？但"足够"这个词的问题在于它缺乏具体的衡量标准。何谓足够？足够的标准是什么？对一个人而言的充足，对另一个人可能只是杯水车薪，因为每个人对简单生活的理解不相同。

无论你向往的是充满活力、熠熠生辉的城市生活，想要环游世界，品味香槟，家中设有备用卧室；还是偏好宁静、淳朴的乡村田园生活，亲手种植蔬菜，参与孩子的家长教师协会活动（顺便一提，两种生活方式并无高下之分），你都需要明确你所追求的目标，并将其量化。然后，制订计划，逐步实现你的梦想。

在这个世界上，对于每个人而言，能够拥有选择的自由无疑是最有价值的事情之一。然而，问题的关键在于，并非所有财富都能为我们带来理想中的选择。如果我们单纯地为了金钱而奋斗，可能会发现自己赚到了钱，却没有扩大选择的空间。此外，不同的选择需要的金钱数量也有所不同，我们不希望自己深陷在无休止的追求更多、更多、更多金钱的旋涡中。实际上，可能在无须额外两个"更多"的情况下，我们就已经能够获得渴望的选择，但由于我们过分专注于积累尽可能多的财富，反而错失了这个机会。

积累财富的关键因素：投资

　　遗憾的是，在长期创造财富的过程中，单纯增加收入是远远不够的。当你赚取收入并在消费与储蓄之间做出分配时，你所储蓄的那部分资金的增长潜力是受限的。将资金存放在储蓄账户中，会带来利息收益，这意味着银行每年会根据你的账户余额支付给你一定比例的报酬。听起来似乎不错？然而，这里忽略了一个重要因素——通货膨胀。

　　通货膨胀，即商品和服务价格的持续上升（经历了最近的经济波动，你可能对此深有体会）。政府通常期望通货膨胀率稳步上升，因为这被视为经济增长的信号。但是，当通货膨胀率超过了你的储蓄利率时，问题就来了。例如，如果银行给你的 1 万美元储蓄支付了 3% 的利息，而通货膨胀却导致物价上涨了 4%；那么，即使你赚到了 3% 的利息收入，资金的实际购买力还是比之前下降了。

　　因此，如果你仅仅依赖储蓄，那么资金的增长速度无法满足你的需求，也无法跟上生活成本的上涨，更无法为你提供你所期望的选择自由。而你可以采取的行动是，将一部分储蓄投资于那些价值增长更快的资产。

投资资产能够通过两种途径为你的财富增值。首先，资产的价值可能上升，使你以较低价格购入，随后以较高价格卖出，实现增值。其次，在你持有资产的期间，它能够为你带来收益。比如，拥有房产并向租户收取租金，或者持有公司股份并获取股息，即公司盈利的一部分。

这并不是说储蓄没有必要。实际上，你的储蓄在过程中可能会遭受一些价值损失，但这并不构成大的问题。资金不可能无休止地增长。然而，当你通过储蓄实现了基本的财务安全（这源自明智的理财）之后，就获得了进一步增加资金盈余的机会。

尽管投资看似简单，但它并非没有风险。投资可以使你的资金增长，但这种增长并非板上钉钉。实际上，你的投资价值也可能缩水。而储蓄账户中的资金相对安全，不会贬值，但投资却可能（而且通常都会）在持有期间经历波动，因此必须谨慎对待。

熟悉财富

"财富"一词，因之似乎常常仅与社会中的少数人有关而蒙上了令人不快的阴影。然而，财富并不总是与堕落画等号，也不总是令人厌恶的贪婪象征。在此，我希望你们能摒弃对财富的成见，放下对财富的现有理解，也抛弃你们对财富的当前感受。若想为自己创造财富的种种可能，就必须放下这种单一的财富观。

我鼓励你们将财富看作一种生活的选择。这不仅仅是在商店里选购一瓶价格不菲的蛋黄酱，也不仅仅是拥有选择休假半年的自由，更是可以选择一份薪资不高但乐在其中的工作，是在他人需要时伸出援手的能力，是将你珍视的时间和金钱投入你所关心的慈善事业的底气。这些都是财富的体现。

任务
财富对你而言代表着什么

让我们深入个人的层面进行探讨。我鼓励你尝试界定，在不同的层面上财富对你可能具有的意义。从你在生活中希望做出的选择出发。你内心深处真正渴望的是什么？哪些选择让你心驰神往？你又渴望获得哪些自由？如果金钱不再是障碍，你将如何行动？

请回顾你在阅读第 189 ～ 202 页时所确立的财务价值观。

请再次审视你在阅读第 271 ～ 276 页时构建的 PERMA 模型。

将这两者融合，描绘出财富对你的真正意义。将此视为一张追求宏伟梦想的通行证，但同时确保你的梦想根植于你的价值观和对 PERMA 模型的深刻理解。我们往往会不假思索地将社会灌输给我们的欲望全都塞进去，比如充实的假期、海景别墅、名牌手袋、商务舱航班、奢华沙发，以及那些显而易见的财富标志。如果这些对你来说确实符合你的价值观，那当然无可厚非。但请更进一步，深入探究财富的内涵，不仅仅局限于你想要购买的物品，而是从选择、自由和机遇的角度去全面考量。

- 在你的生活中，你渴望拥有哪些选项？
- 除了"物质"之外，财富对你而言具有何种意义？
- 你打算如何分配时间？
- 你希望与谁共度时光？
- 你为何渴望拥有这些？
- 你希望以何种方式体验人生？

有时，我们可能会任由想象力驰骋，但当我们所描绘的财富图景并不符合自己的真实想法时，这实际上会导致我们与财富之间的心理距离进一步扩大，因为这一切最终对我们并无实质性的意义。我们不会为了并非真心渴望的东西而做出牺牲或承担风险。我们需要建立起一种基于内心所重视之事的财富观和潜力观，才有可能持之以恒。

金钱与时间的关系

人们常说"时间就是金钱"，这句话通常发生在老板对员工咆哮时，或者由华尔街交易大厅里的股票经纪人自鸣得意、冷笑地说出。忽略那些令人不快的角色，我们必须承认，时间和金钱之间存在着不可分割的联系，这一点在我们探讨个人成长的道路上尤为显著。

在资本主义社会中，我们不得不投入大量时间赚取收入，以满足我们的基本生活需求。同时，我们也必须独自承担生活中那些突如其来的开支，如看病、对房屋或汽车的维修费用等。通常，这些必需支出优先于那些能为我们带来愉悦的"额外享受"。事实上，我深信，我们之所以常常过分重视通过非必需品消费或物质所带来的积极情绪，很大程度上是因为我们缺乏时间探索其他领域带来的快乐与满足。

当我们的时间变得稀缺时，通过网络购物寻求快乐似乎比花费 4 小时从事园艺来得更为现实。如果我们天未亮就出门工作，直到夜幕降临才疲惫归来，那么难怪无从发现通往快乐的其他途径。

金钱有能力为我们买来时间，减少我们用于满足基本生活需求的时间比例，从而为我们创造更多享受生活的机会。例如，你可能一直渴望成为一名志愿者，但你已有全职工作，还经常无偿加班，连自己的责任都难以承担，更别提承担他人的责任了——这样的愿望似乎只是镜花水月。

当我们手头更加宽裕时，就有能力"购买"宝贵的时光，用以投入能带来快乐的事情。尽管这一愿景可能尚不可及，但将金钱视为时间的观念，能够助我们确立目标，描绘理想生活的蓝图。或许，我们可以选择兼职工作，或是寻找一份压力较小的工作，如此一来，便能在周末拥有更多的活力和闲暇，去从事那些让我们心生愉悦的活动。

我想表达的是，你或许不需要金钱去直接完成某事，但你可能需要金钱来购买实现这件事的时间。

这正是财富创造的真正价值所在。我之前说过，擅长理财并非旅程的终点，而是起点。它能够让你从那种由财务上毫无进展而导致的压力和僵局中解放出来。在此之后，下一步便是获得足够的自由，摆脱束缚你的枷锁，通过财务的增长与独立，重新夺回生活的主动权。

> ### 不要忘记你的财务视窗
>
> 在这一点上，过于宏大的设想固然存在风险，但同样，思考过于狭隘或框架过于局限也会带来风险。别忘了拓宽你的财务视窗：如果你根本不知道存在哪些可能性，那就更难以认识到自己有机会实现这些可能性。你可能需要投入时间，深入探索那些你从未敢梦想的选择，甚至构思出连你自己都未曾听说他人尝试过的举措。
>
> 你或许是家中第一个从事财富创造行为的人，这对你和你的家人都可能是一次重大的挑战。你习惯的财务舒适区可能部分是由家族代际模式和有限的经济增长所塑造的，而打破这些循环可能会引起你情感上的波动。
>
> 积极搜寻证据来坚定你追求财富的决策，这将有助于你克服这些情绪，继续前进。

如何从理财之道过渡到财富积累

我曾提及，重新掌控消费决策权，构建财务生态系统，全面掌握你的资金，这些并不能直接让你致富。但这些都是第一步。如果你的财务状况依旧混乱，那就无法去投资金钱并努力增长财富。（当然，你尽可以做你想做的事，但我们通常不推荐！）

接下来，我将引导你了解财富积累的各个阶段，并探讨我们接下来要做的事情。

第 1 步：深入剖析你的信念与行为

恭喜你，通过阅读本书，你已经做到了这一点！回顾你的过往，识别内心的反派角色，打开财务视窗，掌控金钱，学习如何储蓄，重新学习如何消费，剔除对你来说无关紧要的支出，有意识地控制你的消费方式——这正是理财之道。

第 2 步：削减消费债务

若你身负任何消费债务，无论是信用卡债务、个人贷款还是汽车贷款（实际上，任何非房贷或学生贷款的债务都应被纳入），请在着手积累财富之前，优先清偿这些债务。原因很简单：这些消费债务的利率往往高达 20%。通常情况下，投资收益难以超越这一债务利率，因此，优先偿还债务将确保你的资金得到最有效的利用。

第 3 步：构建应急储蓄与财务韧性

在拥有财务韧性之前，你应避免涉足任何带有风险的投资（但所有投资皆存在风险）。在你准备承担投资风险之前，必须确保有即时可用的资金，因此，请务必首先建立充分的应急储蓄。

第 4 步：促进资金增值

一旦前三步准备就绪，你便可以自信地开始实施财富增长策略。这意味着将资金投放到增值速度超过你个人收入增速的项目中。你可以选择投资股票市场、房地产、退休基金（你可能已经有了），或是其他具有增值潜力和盈利能力的资产。

在创造财富之旅中，增加收入也是不可或缺的一环，无论是通过加薪还是通过兼职来赚取额外收益。对于自雇者来说，这意味着要增加利润。你赚得越多，可用于财富增长的资金自然也就越多。

但请记住，收入的多少并非关键，关键在于能够存下多少。回想一下我曾经的错误信念吧——总以为能够不断赚得更多，反而导致了我支出更多。正确利用你额外赚取的资金至关重要。你需要扩大收入与支出之间的差距——这才是力量的源泉。你每年可以赚 30 万美元，但如果你花了 28 万美元，境况并不会比一个年收入 4 万美元、支出仅 2 万美元的人的境况更佳。

你可以通过增加收入（加油）并将这些额外收益投入到未来，或者通过削减开支来扩大这一差距。虽然增加收入通常看起来更为容易，但这实际上取决于每个人的个人情况。不要只盯着收入的增加，而应该聚焦于那个差额，因为在财富创造的过程中，它可以激发你的创造力。

以下是一些具体的方法，用于扩大收入与支出之间的差额，涵盖从简单直观的选择到更具创造性的策略。

- 提高全职工作的工资，并将所有或部分额外收入专门用于财富积累。
- 寻找一份盈利的副业或承接兼职项目，确保所获得的每一分收入都转化为投资资本。
- 如果有可能，搬回家与家人同住，以在短期内大幅节省开支，从而将更多资金投入投资领域。

- 选择那些能够显著降低生活成本的工作，比如提供住宿的远程办公职位、滑雪季节的短期工作，或其他给予激励的就业机会。
- 抓住短期高收入的工作机会，之后回归常规的工作和生活方式，例如，可以在一年内同时兼任两份工作，以充分挖掘收入潜力。
- 搬至生活成本较低的地区、城市或国家，同时精简生活开支，以便将更多的资金用于储蓄和投资。

助力你开启投资之旅，构筑财富基石的精选资源

在此，我诚挚地想与你分享关于财富创造与资金增值的理念，这是继掌握理财之道和财务自主权之后的必经之路。然而，这一领域博大精深，非我专攻，且本书篇幅有限，也无法详细阐述。幸运的是，有许多杰出的女性在投资和财富积累方面贡献了丰富的知识、深刻的见解和独特的观点。现在，正是我向你引荐她们智慧结晶的最佳时机。

以下，是我个人在学习财富增值过程中尤为推崇的资源清单。

《投资女孩》

这是希姆兰·考尔（Simran Kaur）与索尼娅·古普坦（Sonya Gupthan）的杰作，"投资女孩"项目已成为激励女性通过投资实现财富增长的典范。你可以阅读她们的著作《投资女孩》（*Girls That Invest*），订阅"投资女孩"播客，或者在社交媒体上关注她们，来汲取她们的智慧和经验。

娜塔莎·埃茨曼

娜塔莎·埃茨曼（Natasha Etschmann）自年轻时便涉足投资领域，并致力于传授他人投资知识。你可以在社交媒体平台上找到她的身影，亦可收听她的播客《慢慢变富俱乐部》（*Get Rich Slow Club*）。

她的第一笔 10 万美元

由托里·邓拉普（Tori Dunlap）创立的"她的第一笔 10 万美元"平台，是一个专为女性设计的财务自由赋能平台。你可以阅读托里的著作《财务女权主义者》（*Financial Feminist*），吸收其中的智慧，或通过"财务女权主义者"播客聆听她的见解，亦可在社交媒体上追踪她的动态。

《我们都应成为百万富翁》

雷切尔·罗杰斯（Rachel Rodgers）的著作《我们都应成为百万富翁》（*We Should All Be Millionaires*），为女性提供了赚取更高收入、积累财富和增强经济实力的全面指南。在社交媒体上，你也能找到雷切尔。

RASK 教育平台

RASK，一个专注于提升澳大利亚人财务自由度的教育媒体平台，提供了一系列免费及付费课程。他们还精心打造了三个播客："澳大利亚财政播客"、"澳大利亚商业播客"和"澳大利亚房产播客"。欢迎在社交媒体上关注他们，开启你的财务自由之旅。

第 32 章

勇往直前，踏上理财之道！

恭喜你！你已经成功完成了理财之道的全面升级，现在，你已整装待发，准备将所学的一切智慧应用于现实世界。请铭记，成为理财高手并非一日之功，而是需要随着时间的积累，如同锻炼肌肉一般，逐步熟悉和掌握本书所传授的观点、策略和转变方式。只要你将我们共同学习的知识应用于实践，就会逐步感受到，金钱的管理变得越发轻松，流程也日益顺畅。理财之道的重点之一在于找到看待金钱的平衡点——既要对其给予足够的重视，又不必对每一分钱都斤斤计较。

我期望这本书能够启发你以全新的视角审视你与金钱的关系，还能为你提供一种更深入的理解视角，让你以不同的方式体验财富。在现实生活中遇到相关主题时，你可能会想要再次翻阅本书中的某些章节，我鼓励你这样做。有时，你可能从概念上理解了某个内容，但实际体验时却会有不同的感受。

为了帮助你迅速回顾理财之道的核心要素，以下是你在掌握财务大权时应聚焦的五大关键点。

- 习惯——培养积极的财务行为模式，树立对自己理财决策的信心，相信自己正在做出明智的金钱决策，并在你的财务中扮演主动的角色。
- 动机——与金钱能给你带来的价值建立联系，并维系与财务状况的情感联系。
- 身份认同——将积极的财务行为和观念融入你的自我概念，确保你的财务生活与自我认知始终一致。
- 信念——培育积极、健康的金钱观，这些信念将促进你采取健康的财务行动，并培养出面对金钱问题时的乐观与坚韧。
- 财务工具箱——理解你的资金所处的实际环境，追踪资金流入账户后的流向，以及你为管理资金所设定的边界和组织系统。

每当你感到财务状况不尽如人意时，不妨重新审视这五大核心要素。请逐一深入探究，看看能否找出哪里出了问题。能够有效应对金钱相关的种种问题，是一种极其宝贵的技能。请拥抱它。

希望你为自己看完了这本书而感到无比自豪。我真心为你骄傲！处理金钱问题绝非易事，但就在翻阅这几百页的过程中，你已经取得了显著的成就。我迫不及待想听到你是如何将本书的原理融入你的生活和财务管理中的。因此，下次当你运用某个框架，直面内心的恶魔，成功抵制诱惑性的广告，或是看到你的储蓄因理财之道生态系统的滋养而日渐丰厚时，请不吝赐予我一封电子邮件或私信。

　　你完全有理由感受到金钱为你带来的价值。你应当对自己赚取和管理更多财富的能力充满信心。你应当是决定金钱去向的主宰。而你，更应当利用金钱来丰富和享受你的生活。

致　　谢

哇，我该从何说起呢？我深知，我并非第一个发出这类感慨的人，但确实，正如养育一个孩子离不开整个社群的共同努力，完成一本书的出版也同样需要众人的扶持。

首先，我要向我的丈夫表达最深切的谢意，感谢你始终如一地伴我左右，是你让我深刻体会到，无论我哭得有多难看，哭诉大喊"这本书太糟糕了"，你那无条件的爱与支持都坚定地存在着。你不只在写作期间给予我力量，更在过去的 10 年里，陪伴我成长为能够撰写此书的人。在这段旅程中，我洒下了无数的泪水，无数次压抑着哭喊"我觉得我做不到"，这些记忆将伴随我一生。而你，总是那个提醒我"你能做到"的人。事实证明，你是对的。真讨厌。

对我的出版团队，我也要说一声感谢——感谢你们给予我这个机会。特莎（Tessa），在过去的 18 个月里，你是我坚强的后盾，在我慌乱地发送邮件和一次又一次的崩溃边缘，你总能温柔地安抚我，与我在线上长谈，直到我拨云见日、思路清晰。衷心地感谢你所做的一切。格里尔（Greer），我已经记不清有多少次我发给你的邮件是以"抱歉又给你添麻烦了"开头的，你的辛勤工作让这本书得以问世，我对此感激不尽。同时，也要感谢 Allen & Unwin 出版社的所有成员：利比（Libby）、埃米莉（Emily）、桑德拉（Sandra）、阿莱格拉（Allegra），以及所有在幕后默默为这本书付出的人。你们都非常了不起。

致宝贵的商业伙伴们：佩塔（Peta）、达尼（Dani）、安纳莉丝（Annelise）、塔什（Tash）、维多利亚（Victoria）——感激你们耐心聆听我那些语无伦次的 4 分钟语音备忘，在我失意时给予鼓励，将我从绝望的边缘拯救回来，并不断提醒我，我是一个不屈不挠的强者，有能力战胜一切困难。由衷地感谢你们的存在，感激你们坚定不移的支持。

感谢作家同仁艾丽斯（Alice）、约兰西（Iolanthe）、安娜（Ana）——你们的建议帮我度过了动摇的时刻。对于那些始终关心我，倾听我的宣泄，鼓励我相信自己，提醒我为自己的成就自豪的朋友——在过去的 18 个月里，是你们的陪伴和支持让我不断前进。

感谢布拉德（Brad）和特德·克朗茨（Ted Klontz），我在克雷顿大学的导师，以及金融心理学研究所的全体成员——你们的教诲深刻地拓展了我对金钱行为背后心理动因的理解。感谢你们为推动这一领域进步所付出的努力。

最后，向所有读者致以最诚挚的感谢。每一个点赞、评论、分享、阅读、点击、收听和观看都是本书诞生和为我创造机遇的重要一环。我将永远感激那些虽然素未谋面，却愿意投入时间阅读我的作品并分享喜爱之情的人。感谢你们每一个人。

最后的致意，或许看起来有些奇怪，但我想表达对我最喜爱的小说家们的感激之情：莎莉·洛（Shari Low）、罗斯·金（Ross King）、帕特里夏·沃尔夫（Patricia Wolf）、约米·阿德戈基（Yomi Adegoki）和妮可拉·莫里亚蒂（Nicola Moriarty）。在创作此书的艰难时刻，是你们笔下的故事为我带来了慰藉和力量。此刻，我比以往任何时候都更加感激你们的作品。

积极人生

《大脑幸福密码：脑科学新知带给我们平静、自信、满足》

作者：[美] 里克·汉森 译者：杨宁 等

里克·汉森博士融合脑神经科学、积极心理学与进化生物学的跨界研究和实证表明：你所关注的东西便是你大脑的塑造者。如果你持续地让思维驻留于一些好的、积极的事件和体验，比如开心的感觉、身体上的愉悦、良好的品质等，那么久而久之，你的大脑就会被塑造成既坚定有力、复原力强，又积极乐观的大脑。

《理解人性》

作者：[奥] 阿尔弗雷德·阿德勒 译者：王俊兰

"自我启发之父"阿德勒逝世80周年焕新完整译本，名家导读。阿德勒给焦虑都市人的13堂人性课，不论你处在什么年龄，什么阶段，人性科学都是一门必修课，理解人性能使我们得到更好、更成熟的心理发展。

《盔甲骑士：为自己出征》

作者：[美] 罗伯特·费希尔 译者：温旻

从前有一位骑士，身披闪耀的盔甲，随时准备去铲除作恶多端的恶龙，拯救遇难的美丽少女……但久而久之，某天骑士蓦然惊觉生锈的盔甲已成为自我的累赘。从此，骑士开始了解脱盔甲，寻找自我的征程。

《成为更好的自己：许燕人格心理学30讲》

作者：许燕

北京师范大学心理学部许燕教授30年人格研究精华提炼，破译人格密码。心理学通识课，自我成长方法论。认识自我，了解自我，理解他人，塑造健康人格，展示人格力量，获得更佳成就。

《寻找内在的自我：马斯洛谈幸福》

作者：[美] 亚伯拉罕·马斯洛 等 译者：张登浩

豆瓣评分8.6，110个豆列推荐；人本主义心理学先驱马斯洛生前唯一未出版作品；重新认识幸福，支持儿童成长，促进亲密感，感受挚爱的存在。

更多>>>　　《抗逆力养成指南：如何突破逆境，成为更强大的自己》作者：[美] 阿尔·西伯特
　　　　　　　《理解生活》作者：[奥] 阿尔弗雷德·阿德勒
　　　　　　　《成长心理学》作者：訾非

心身健康

《谷物大脑》

作者：[美] 戴维·珀尔玛特 等 译者：温旻

樊登读书解读，《纽约时报》畅销书榜连续在榜55周，《美国出版周报》畅销书榜连续在榜超40周！
好莱坞和运动界明星都在使用无麸质、低碳水、高脂肪的革命性饮食法！
解开小麦、碳水、糖损害大脑和健康的惊人真相，让你重获健康和苗条身材

《菌群大脑：肠道微生物影响大脑和身心健康的惊人真相》

作者：[美] 戴维·珀尔马特 等 译者：张雪 魏宁

超级畅销书《谷物大脑》作者重磅新作！
"所有的疾病都始于肠道。"——希腊名医、现代医学之父希波克拉底
解锁21世纪医学关键新发现——肠道微生物是守护人类健康的超级英雄！
它们维护着我们的大脑及整体健康，重要程度等同于心、肺、大脑

《谷物大脑完整生活计划》

作者：[美] 戴维·珀尔马特 等 译者：闫佳
超级畅销书《谷物大脑》全面实践指南，通往完美健康和理想体重的所有道路，都始于简单的生活方式选择，你的健康命运，全部由你做主

《生酮饮食：低碳水、高脂肪饮食完全指南》

作者：[美] 吉米·摩尔 等 译者：陈晓芮

吃脂肪，让你更瘦、更健康。风靡世界的全新健康饮食方式——生酮饮食。两位生酮饮食先锋，携手22位医学/营养专家，解开减重和健康的秘密

《第二大脑：肠脑互动如何影响我们的情绪、决策和整体健康》

作者：[美] 埃默伦·迈耶 译者：冯任南 李春龙

想要了解自我，从了解你的肠子开始！拥有40年研究经验、脑-肠相互作用研究的世界领导者，深度解读肠脑互动关系，给出兼具科学和智慧洞见的答案

更多>>>

《基因革命：跑步、牛奶、童年经历如何改变我们的基因》 作者：[英] 沙伦·莫勒姆 等 译者：杨涛 吴荆卉
《胆固醇，其实跟你想的不一样！》 作者：[美] 吉米·摩尔 等 译者：周云兰
《森林呼吸：打造舒缓压力和焦虑的家中小森林》 作者：[挪] 约恩·维姆达 译者：吴娟